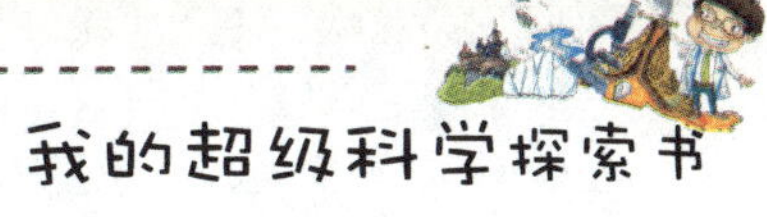

珍稀物种之谜

纸上魔方◎编写

北方妇女儿童出版社

图书在版编目(CIP)数据

珍稀物种之谜 / 纸上魔方编写. -- 长春 : 北方妇女儿童出版社，2013.1(2019.4重印)
(我的超级科学探索书)
ISBN 978-7-5385-7171-4

Ⅰ. ①珍… Ⅱ. ①纸… Ⅲ. ①珍稀动物－青年读物②珍稀动物－少年读物③珍稀植物－青年读物④珍稀植物－少年读物Ⅳ. ①Q95-49②Q94-49

中国版本图书馆CIP数据核字(2012)第285730号

珍稀物种之谜

出版人　李文学
策划人　师晓晖
编　写　纸上魔方
责任编辑　张 力
开　本　170mm×240mm　1/16
印　张　8
字　数　120千
版　次　2013年1月第1版
印　次　2019年4月第3次印刷

出　版　北方妇女儿童出版社
发　行　北方妇女儿童出版社
地　址　吉林省长春市人民大街4646号
邮编：130021
电　话　编辑部：0431-86037964
发行部：0431-85640624
网　址　http://www.bfes.com
印　刷　天津海德伟业印务有限公司

ISBN 978-7-5385-7171-4　定价：23.80元

目录

很多关注环保的小朋友都听说过藏羚羊，不过它似乎离我们的生活很远，那么，它们究竟生活在哪里？我们在动物园里能不能看到它们呢？

藏羚羊有着极为独特的栖息环境和生活习性。目前，全世界还没有一个动物园能人工饲养藏羚羊呢！

那么，藏羚羊居住在哪里呢？原来，它们居住的地

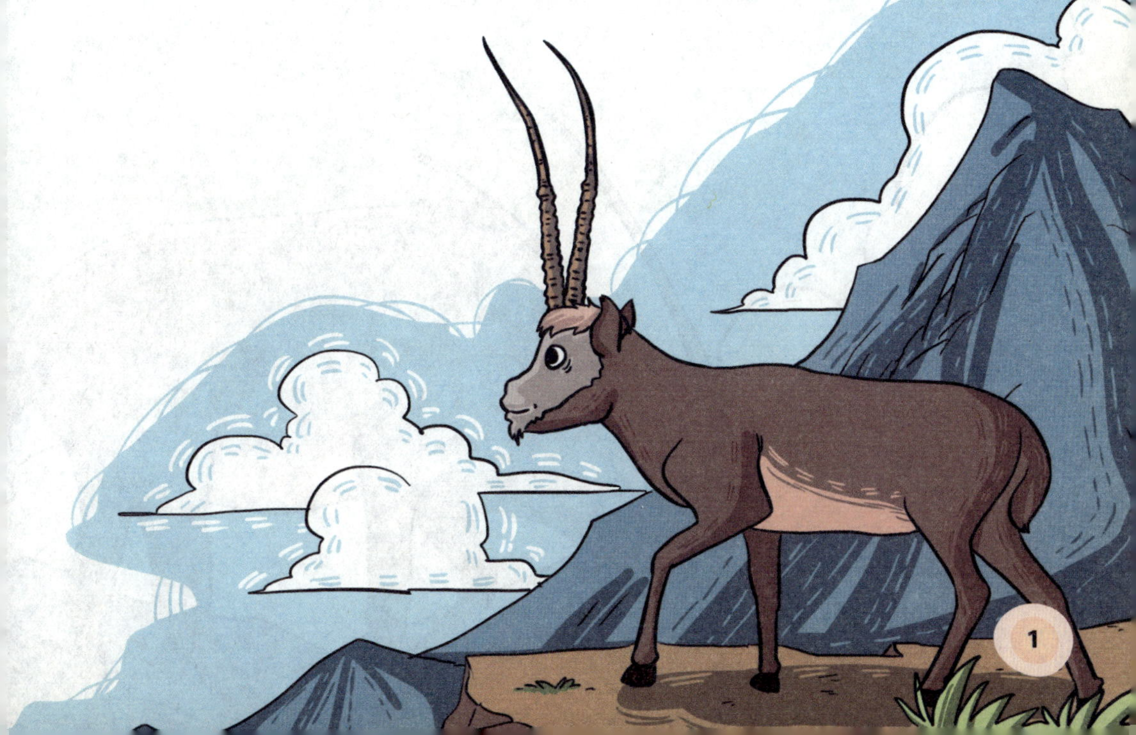

区叫作可可西里，可可西里就在我国的青藏高原，那里的海拔高达五六千米，不仅缺少氧气，而且气候也很寒冷。由于这里的土壤常年被冰雪覆盖，没有人居住，因此被称为“生命的禁区”。然而，在这个“无人区”，藏羚羊却如同白云般，在这里轻盈地跳跃奔跑。在这里生长的植被十分稀疏，只有针茅草、苔藓和地衣之类的低等植物，而这些却是藏羚羊赖以生存的美味佳肴。

雪后初晴，这群高原精灵总是成群结队地在地平线上涌出。它们那柔软灵活的身躯，如同飞翔般优美的跑姿，让任何一个见过它们的人都赞叹不已。

世界上很多动物，都不能从形态上区分它们的雌雄，但藏羚羊却从不这样为难人们。雄性的藏羚羊，长着一对竖琴似的长角。藏羚羊生性胆怯，遇到敌人攻击的时候，就会用它的双角来抵抗。不过，生性淳厚的雌藏羚羊，却连一只角都没有长。

9月的青藏高原寒风劲吹，推压着藏羚羊那身厚厚柔柔的绒毛。正因为覆盖全身的绒毛，藏羚羊才能够不惧怕寒冷，可以悠然自得地享受着大风的抚摸。

然而，也正是这身绒毛，给它们带来了杀身之祸！人们渐渐发现，藏羚羊身上的绒毛不仅十分轻巧，而且保暖性也极好。它可以作为编织沙图什的绝好原料，沙图什在波斯语中意为“羊绒之

王”。轻柔暖和的沙图什披肩，不仅精巧华丽，还可以轻易穿过戒指，因此被称为“戒指披肩”。在印度的北部，沙图什常作为女儿的嫁妆，并且世代相传；而在西方，贵妇身披沙图什，可以彰显其地位的尊贵。

正因如此，藏羚羊的栖息地正在变成一个屠宰场，每年约有两万只藏羚羊遭到猎人残杀。贪婪的猎杀者，将藏羚羊的皮毛称为“软黄金”。为了获得更多的“软黄金”，他们大肆捕杀藏羚羊，并且扒取它们的皮毛，偷运到境外，从中获得巨额利润。由于藏羚羊不能被人工饲养，所以想要保护藏羚羊，只能呼吁人们停止杀戮。

你知道吗?

阿拉伯羚羊

阿拉伯羚羊也同我国的藏羚羊一样，属于重点保护的野生动物。阿拉伯羚羊长着一对灰白色的长角，你可不要小看它哦，它可是一对非常厉害的武器呢！这对锐利的尖角，甚至可以将狮子刺死。阿拉伯羚羊非常聪明，如果有个地方下雨的话，即便它们在很遥远的地方，也可以感觉到下雨的信息。然后，以最快的速度，长途跋涉来到下雨的地方。因为，雨后丰茂的嫩草，可是它们的最爱呢！阿拉伯羚羊就生活在阿拉伯国家的沙漠地区，如今阿拉伯国家已经对其建立了相应的保护区。

你知道吗?

藏羚羊是奥运吉祥物

藏羚羊作为世界保护动物，是“绿色”与“人文”的具体形象符号，它与2008年的奥运会主题十分贴切。所以，藏羚羊与鱼、熊猫、燕子并列，同时被选为2008年北京奥运会的吉祥物，在奥运会的吉祥物中，藏羚羊的名字是“迎迎”。其实，我国对藏羚羊的保护作了很多努力，政府于1995年便为它们成立了可可西里省级自然保护区；1997年年底，这一保护区又上升为国家级自然保护区。

有会游泳的熊吗

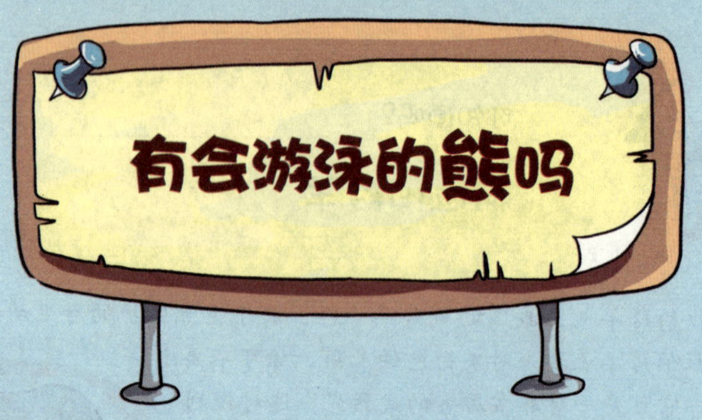

小朋友们，你们都在电视上看到过肥嘟嘟的熊吧？你也许会想这些笨头笨脑的傻家伙，连走路都摇摇晃晃地站不稳，更不要说快跑甚至是游泳了！不过，一旦你了解了北极熊，就不会再有这种想法了。

北极熊又叫白熊，它的个头是熊类中最庞大的。到了冬天，冬眠的北极熊，体内

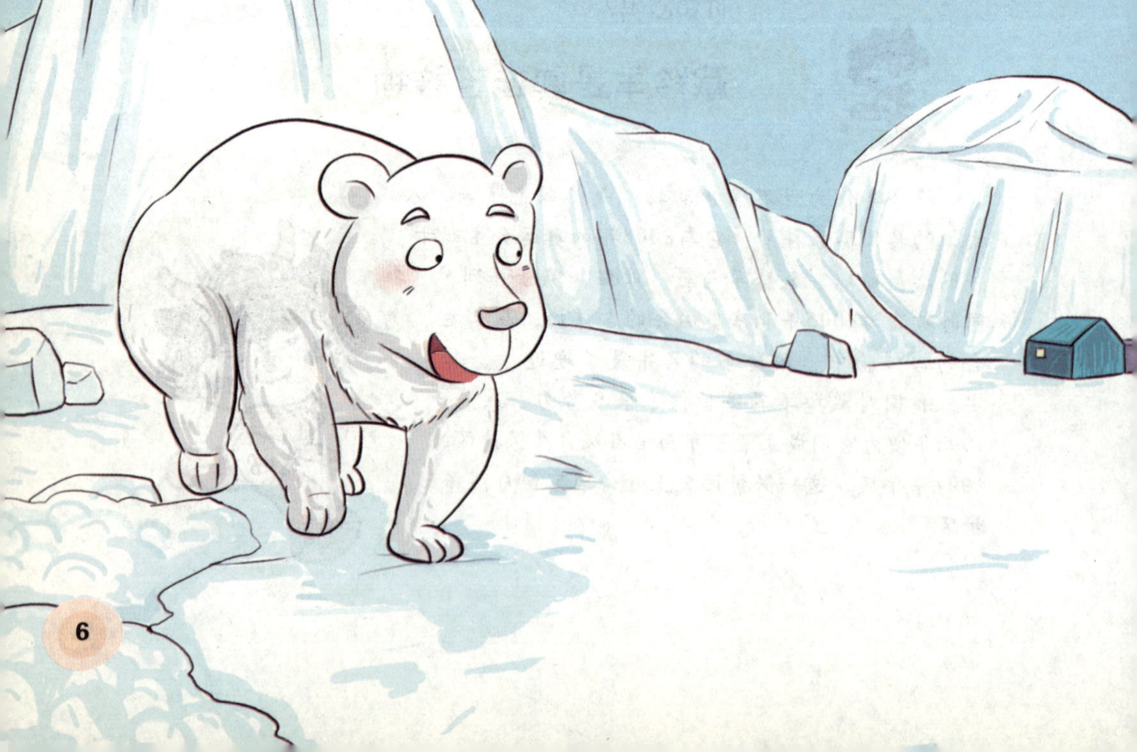

会存储大量的脂肪，这时，它们的体重可达到800千克左右。虽然它们看起来十分笨重，却充满了无穷的力量，它们那胖乎乎的前掌，若是一巴掌拍下去，任谁也逃不过此劫。

这个“大块头”是不是光有蛮力呢？如果你看过它奔跑时，那如风般一闪而过的身影；看过它跳跃一步，可跨过5米宽冰缝的身姿，你会不敢相信自己的眼睛。力量和速度，竟然可以在它的身上，有着如此完美的结合！

北极熊是两栖动物，它不仅跑得快，还是个游泳健将呢。它们常常以蛙泳姿势划行，宽大的熊掌宛若双桨，可以用来划水，同时还可以平衡方向。北极熊能在北冰洋寒冷的水中，畅游数十千米，是个长距离的游泳健将。遗憾的是，它几乎不会潜水，游泳

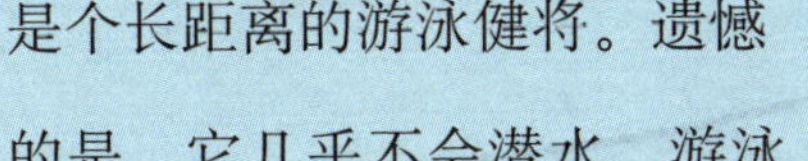

时它的头要一直露在水面上才能呼吸。

北极熊居住的地方，是世界上最寒冷的地方之一，那就是北极。南极和北极都是地球上最寒冷的地方。和南极相比，北极要稍微温暖一些呢。因此，人类可以在这里生活，一些耐寒的动物，也将这里作为“居住”地。北极熊以它们超强的耐寒特性，荣获了这里长久的居住权。

尽管北极熊是非常耐寒的动物，不过北极熊宝宝可就没那么强壮了。刚出生的小北极熊，如果没有北极熊妈妈的照顾，是会被活活冻死的，因为北极的冬天实在是太冷了。北极熊妈妈会在寒冷的冬天挖掘洞穴，然后进入洞穴生下它的熊宝宝。尽管天寒地冻，但洞穴里却比外面暖和多了。刚出生的小北极熊，身上光溜溜的，还没有长出毛来。对小北极熊来说，要度过北极的冬天，可是一个极大的考验呢!

为了让小北极熊更暖和一些，北极熊妈妈必须紧紧地抱住小北极熊，还要不停地给它哈着热气，它才能在妈妈悉心地照顾下，健康地成长起来。

北极熊妈妈的奶水对小北极熊来说，也是战胜寒冷的必备“武器”呢。所以，整个夏天，北极熊妈妈都会为自己进行“大补”，只有这样，寒冷的冬季到来时，奶水中才能含有丰富的营养成分，奶水越好，小北极熊就会越强壮。

小北极熊长大以后，就不再需要妈妈的奶水了，因为它们已经可以从食物中吸取营养了。那么，北极熊的食物是什么呢？原来，由于北极气温过低，以至于北冰洋上出现了很多的冰层，而那些喜

欢在冰层边缘活动的海豹们，就是北极熊的美味佳肴了。

北极熊也有一件郁闷的事！地球的温度在不断地上升，北极的冰就不断地融化，而且融化的速度也在不断加快。大量的冰层消失了，在冰层活动的动物也跟着减少了。如今，缺乏充足食物的北极熊，变得比以前瘦了很多呢。科学家们预计，2050年夏天，这里将不会再有冰层存在。如果真会这样，那么，北极大部分地区的北极熊也将永远消失了。

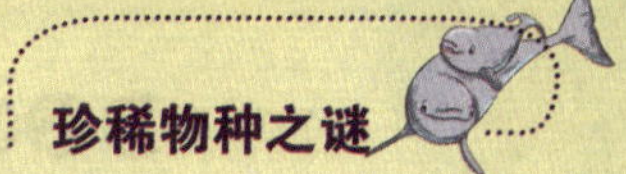

东北虎额头真的有“王”字吗

东北虎起源于亚洲的北部，所以又被称为西伯利亚虎。人们发现，东北虎的前额处，似乎有一个“王”字，于是编出了一个美丽的传说。传说中，女娲遇到了危险，恰巧被一只路过的虎搭救。为了表达自己的感激之情，女娲赐这只虎为百兽之王，并在它的头上留下了王字印迹。其实，在东北虎的前额上，只是长了貌似

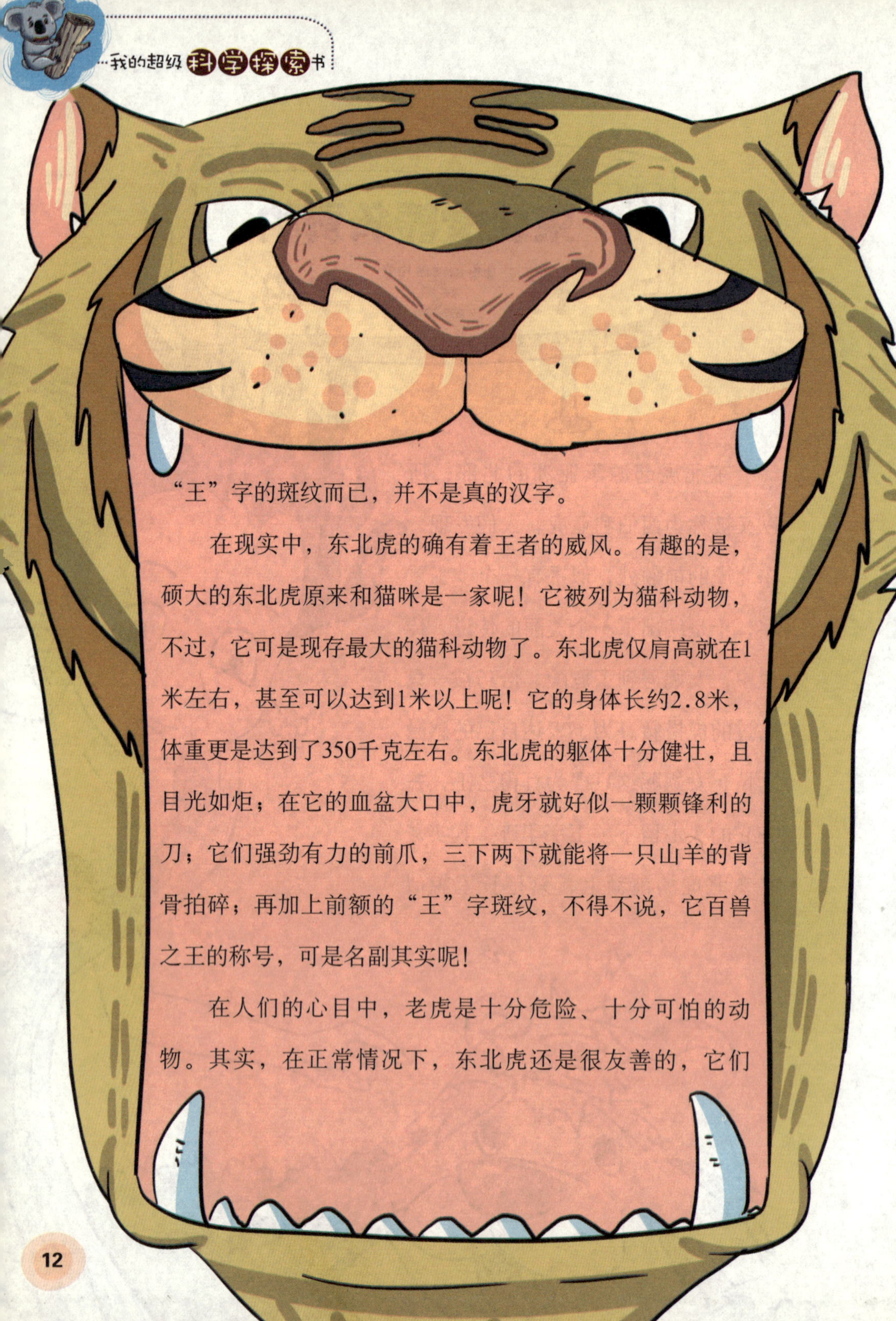

“王”字的斑纹而已，并不是真的汉字。

在现实中，东北虎的确有着王者的威风。有趣的是，硕大的东北虎原来和猫咪是一家呢！它被列为猫科动物，不过，它可是现存最大的猫科动物了。东北虎仅肩高就在1米左右，甚至可以达到1米以上呢！它的身体长约2.8米，体重更是达到了350千克左右。东北虎的躯体十分健壮，且目光如炬；在它的血盆大口中，虎牙就好似一颗颗锋利的刀；它们强劲有力的前爪，三下两下就能将一只山羊的背骨拍碎；再加上前额的“王”字斑纹，不得不说，它百兽之王的称号，可是名副其实呢！

在人们的心目中，老虎是十分危险、十分可怕的动物。其实，在正常情况下，东北虎还是很友善的，它们从不轻易伤害人或动物。不仅如此，东北虎还是捕捉破坏森林的野猪、狍子的猎手呢！同时，它也是恶狼的死对头。为了争夺食物，东北虎常常要把狼赶出自己的活动地带。因此，人们还赞誉东北虎是“森林的保护者”。

古人往往将虎的吼叫声称为“虎啸”，而这是再恰当不过的比喻了。若是走在森林中，忽然传来东北虎一声大吼，你就会发现，霎时间地动山摇，鸟兽全无。

不过，如今虎王的威风已经越来越少了。而这样的威胁就来自于人类，虽然东北虎的体型硕大，却也难挡子弹的侵袭；纵然有锋牙利爪，也难以抵抗人类的猎杀；就算是捕食野猪、狍子的猎手，

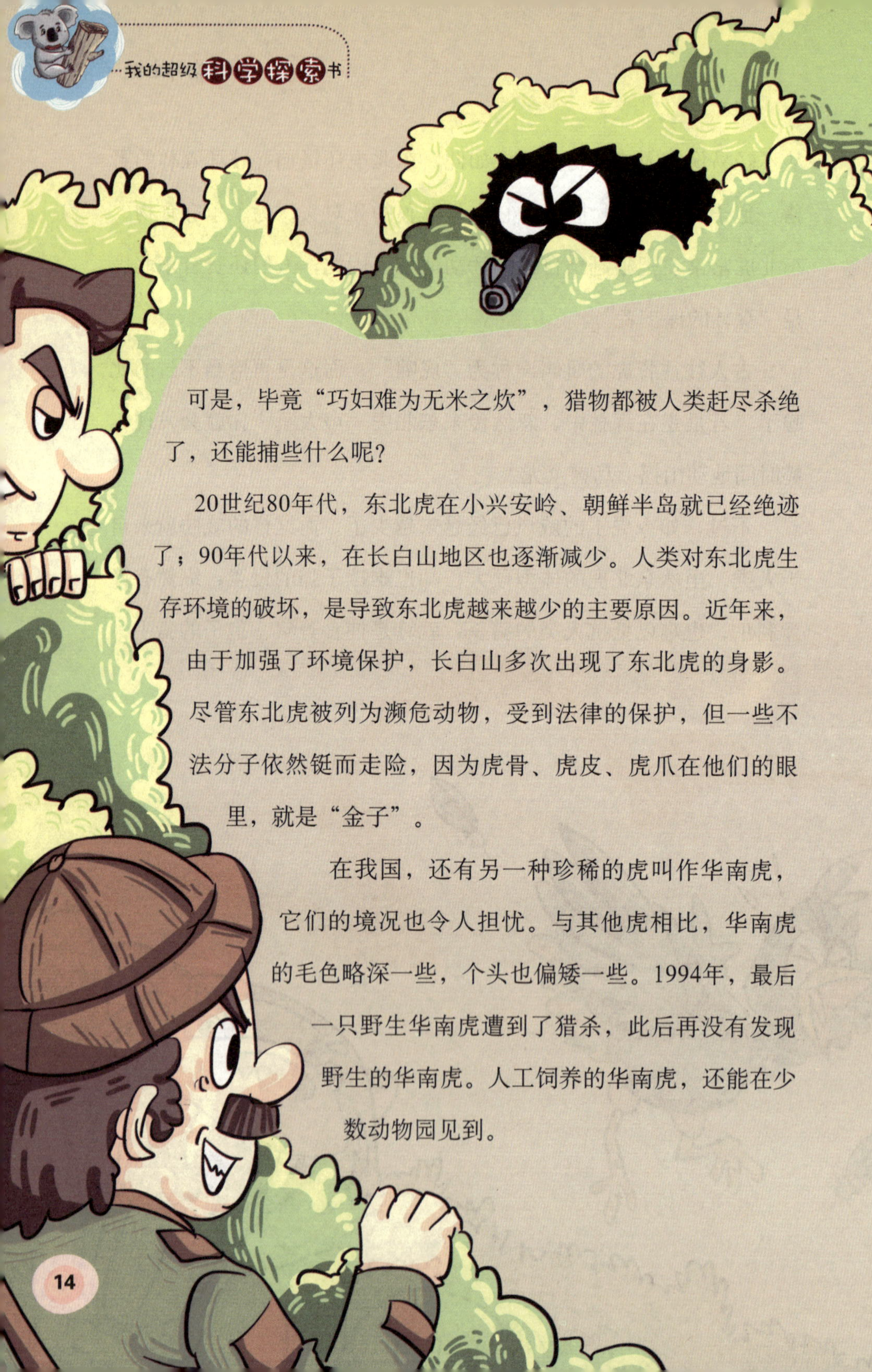

可是，毕竟“巧妇难为无米之炊”，猎物都被人类赶尽杀绝了，还能捕些什么呢？

20世纪80年代，东北虎在小兴安岭、朝鲜半岛就已经绝迹了；90年代以来，在长白山地区也逐渐减少。人类对东北虎生存环境的破坏，是导致东北虎越来越少的主要原因。近年来，由于加强了环境保护，长白山多次出现了东北虎的身影。尽管东北虎被列为濒危动物，受到法律的保护，但一些不法分子依然铤而走险，因为虎骨、虎皮、虎爪在他们的眼里，就是“金子”。

在我国，还有另一种珍稀的虎叫作华南虎，它们的境况也令人担忧。与其他虎相比，华南虎的毛色略深一些，个头也偏矮一些。1994年，最后一只野生华南虎遭到了猎杀，此后再没有发现野生的华南虎。人工饲养的华南虎，还能在少数动物园见到。

印度尼西亚群岛的老虎们也同样面临此类危机。印度尼西亚群岛上，拥有三种世界上独一无二的虎：巴厘虎、爪哇虎、苏门答腊虎。巴厘虎的皮毛色彩斑斓，因此，它最受人们欢迎。而且，它们的骨头还是泡药的好材料。1937年，最后一只雌虎被猎杀后，巴厘虎便就此灭绝了。爪哇虎是所有老虎中面部胡须最长的。有些人认为，爪哇虎已在1980年绝灭了；另有人认为，可能还存有很少的几只。苏门答腊虎是世界上所有老虎中体型最小的，它们虽然还没有绝灭，但数量每年都在减少。

犀牛都长着一只尖角吗

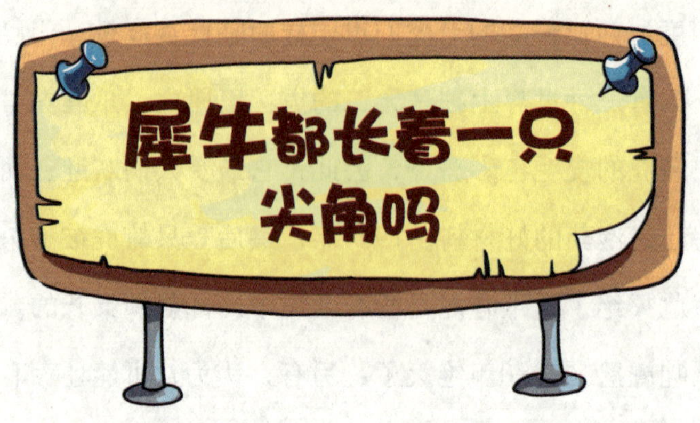

犀牛给人印象最深刻的，就是头上长着尖尖的牛角。那么，是不是所有的犀牛头上，都长着尖尖的牛角呢？告诉你吧，独角犀的头上是长有一只独角的，而白犀的头上却长有两只角。让我们来认识一下这两个憨厚的大家伙吧。

独角犀和白犀都属于犀牛家族，它们有很多的

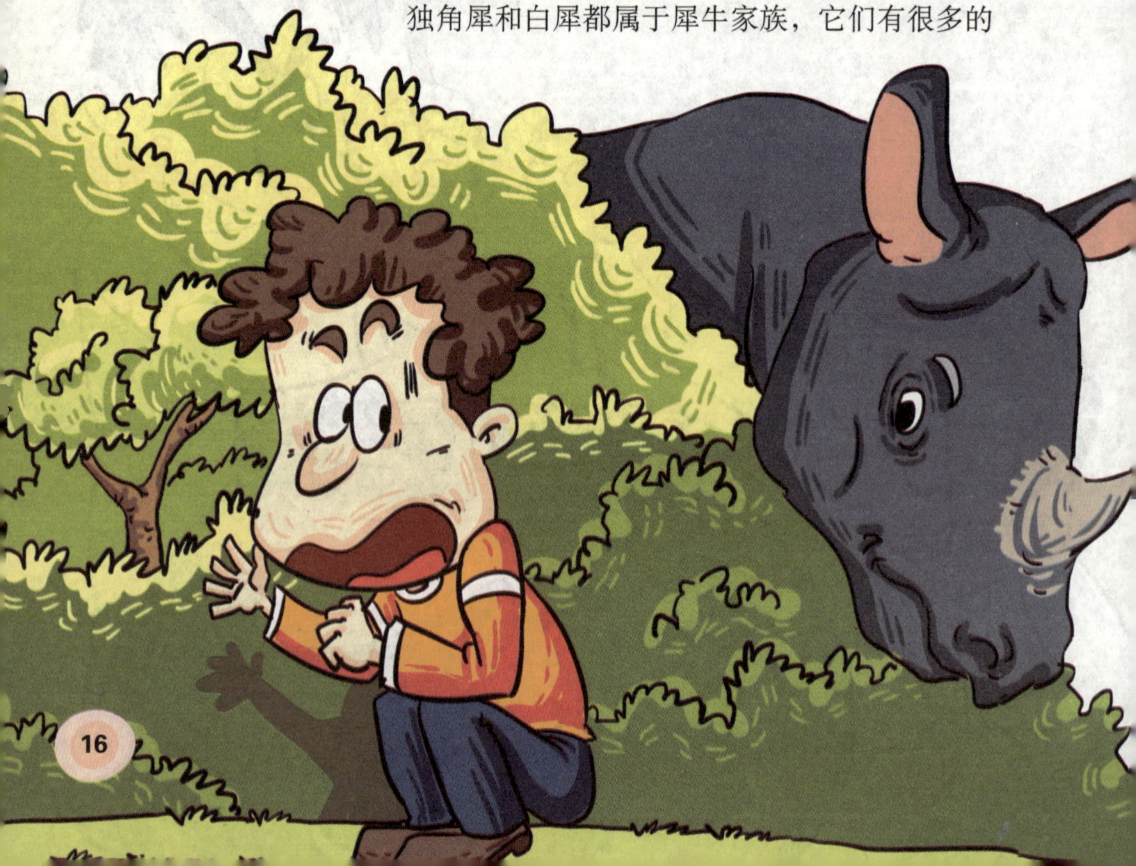

共同点。独角犀和白犀都是不折不扣的大块头。在陆地上，除了大象还没有别的动物能大过它们呢！怎么样，够大吧？可惜，这两个大家伙却天生长得很丑陋，它们全身的皮肤又粗糙又坚硬，就好像披了一件厚厚的铠甲似的。又厚又硬的皮，堆积在脖子处、关节处，折叠成一条条难看的褶子。千万别小看这些折叠的皮肤，正是因为有了它们，犀牛的四肢才能更加灵活的伸展。

这么一个庞然大物，又有坚固的铠甲护身，一定很凶猛吧？其实不然，就像一首歌中唱的“我很丑，可是我很温柔”，犀牛就有着温顺的好脾气呢！它们一般不

会主动攻击其他动物，只是到了交配的季节，雄性的犀牛会为争夺交配权，与其他犀牛发生激烈的打斗。大部分时间，它们都会表现出安静温和的一面。

犀牛很少猎杀其他动物，那它们吃什么呢？原来，树叶、水草才是这个大块头的美食。不过，由于犀牛没有门牙和犬牙，所以，它们只得靠厚厚的嘴唇来啃青草了。

犀牛还有一个优点，比起其他动物来，它们还有着无与伦比的“演唱”功底呢！它们甚至可以发出10种不同的声音来。不过，犀牛的视力却很差，尤其是早晨和黄昏这两个时间段，它们更难以看清东西。为了弥补视力上的缺陷，它们的听觉和嗅觉就变得十分灵敏了。

犀牛居住在潮湿、丛林茂密的热带地区。对它们来说，最享受的事情，就是在水中痛痛快快来个“泥水浴”。犀牛似乎没有什么“家庭观念”，通常，犀牛妈妈会带着小犀牛们，以群居的方式生活。而犀牛爸爸，往往会选择独自生活。难以想象的是，几乎没有天敌的犀牛，大约已在地球上生存5亿多年了。

独角犀和白犀从外观上很好区分。因为它们的“肤色”不一样。独角犀全身的颜色是黑灰色的，有时还略略发紫。而白犀牛虽然名叫白犀，可是它的体表却是棕灰色或蓝灰色的。

此外，独角犀和白犀最大的不同，就在于它们的牛角。独角犀只有一只牛角，并且尖尖的，长在鼻子和眼睛之间。而白犀有两只牛角，它们一长一短，

一前一后的并排生长着，看起来帅气极了！可是，这帅气的牛角究竟有什么用呢？对于白犀来说，这可是个有力的武器呢。雄性的白犀，有时也会发生“内战”，这时，它们就会用牛角去攻击对方。不过，独角犀却没有拿尖利结实的角当武器，它们所使用的是下排牙齿。

犀牛角对人类而言，经济价值很高，所以，许多的偷猎者来到犀牛的居住地，从被杀或被麻醉的犀牛头上，锯断坚硬的犀牛角。多年来，巨大的犀牛一只接一只地倒在地上，世界上野生的犀牛数量在逐年减少。如今，独角犀的数量不超过3000头，而白犀的数量更是不足25头了。

你知道吗?

犀牛角有多值钱

很久很久以前，犀牛角就被人们誉为“灵丹妙药”。犀牛角具有清心安神、凉血止血、泻火解毒的作用。相传，犀牛角若同毒药接触，毒药就会冒出白沫。因而，古代帝王喜欢用犀牛角制成的杯盏等器皿，来验证食物是否安全。此外，用犀牛角雕刻成的艺术品也非常精美，受到人们的广泛欢迎。因犀牛角的珍贵，人们把拥有犀牛角制作的艺术品，当作权力、身份的象征。据说，在世界上的一些黑市交易中，一只犀牛角能卖到数百万元。

你知道吗?

犀牛的好朋友

牛鹭和犀牛是一对亲密相处的好朋友。牛鹭是一种可爱的小鸟，它们常常结成小群，在犀牛身上跳来跳去，不停地啄食着犀牛皮肤皱褶里的小虫。这样既填饱了牛鹭自己的肚子，还能为犀牛清洁身体，所以，人们常常称牛鹭为犀牛的“私人医生”。在遇到危险时，牛鹭也会及时向视力差的好朋友犀牛发出警报，让犀牛早作准备。

大熊猫活了300万年吗

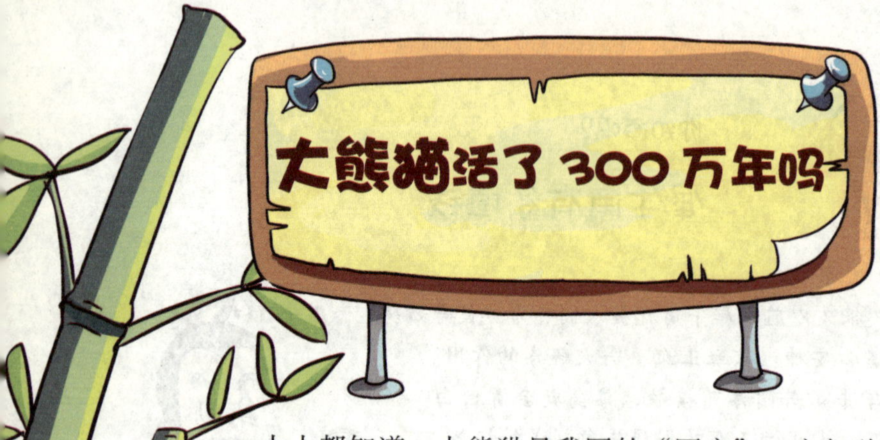

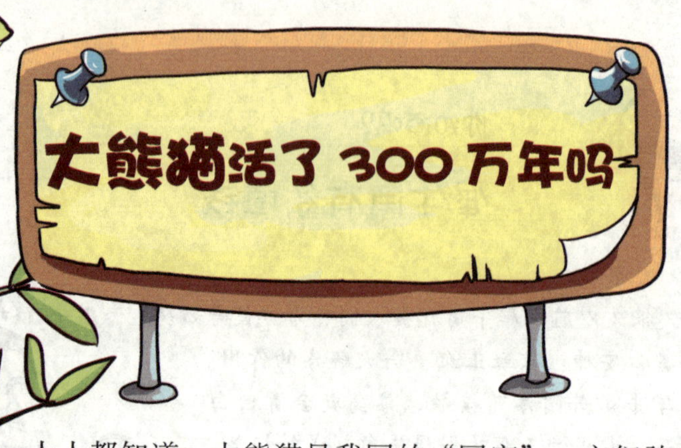

人人都知道，大熊猫是我国的“国宝”。它们憨态可掬的模样受到了全世界的欢迎。不过，很少有人知道大熊猫从它们的始祖至今，存活了有多少年了。

其实，大熊猫是一种非常古老的动物，至今，已有大约300万年的历史了！它曾在地球上分布非常广泛，据说大熊猫和凶猛的剑齿象，属于同时代的动物呢。后来，由于地球

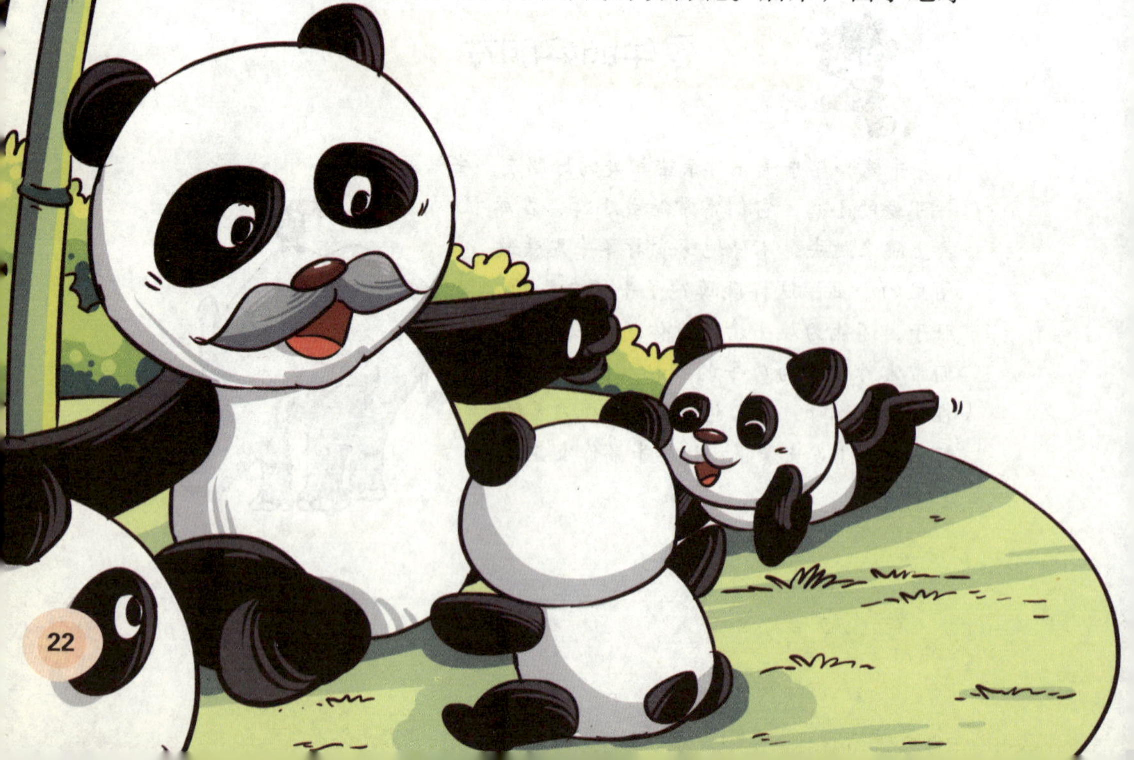

环境的恶化，气候越来越冷，地球进入了第四纪冰川时期，许多动物和植物都被冻死或饿死了，只有大熊猫和其他极少数的生物，躲进了一片食物充足，又能挡风避雨，并且与外界隔绝的山谷中，这才得以顽强地活下来。而最令人惊叹的是，几百万年来，许多动物都在不断地进化，与原始模样相比，早已是面目全非了。而大熊猫却不为岁月所动，依然保持着它的本来面貌。为此，学者们将大熊猫称为珍贵的“活化石”。

更令我们感到自豪的是，大熊猫只产于我国。在世界上，仅我国有野生的大熊猫。少数几个国家的大型动物园里，能见到一两只人工饲养的大熊猫，这都是我国作为国礼

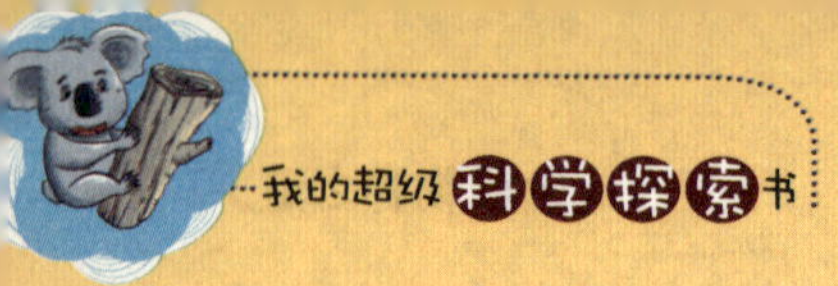

赠送的。

大熊猫看起来憨态可掬，实际上，它却有着孤僻的性格。它们不喜欢群居，常常像是独来独往的“侠客”。大熊猫选择配偶、发情、繁殖的时间非常短，而且，雌性大熊猫每胎也只产1～2只。熊猫妈妈又只具备喂养一只熊猫宝宝的能力，这些因素综合在一起，才让大熊猫变得极为稀有。

大熊猫最喜欢吃竹子了，这几乎人人都知道。但是，你千万不要误以为，它就是“素食主义”者！其实，它也吃肉，比如：鼠、羊、猪甚至猪、羊的骨头，这些都是它的美味佳肴呢。不过，大多数时候，它还是以食竹为主的。告诉你们个小秘密哦，大熊猫可是个不折不扣的“饭桶”，一只大熊猫每天都要吃掉20千克～30千克

的竹子。一天24个小时，而大熊猫却有12个小时以上的时间，都在忙着吃东西。不过，你可不要以为大熊猫很贪吃，其实，这是因为大熊猫的消化力极差，肠道也很短。刚吃下去的食物，很快就通过消化排出去了。所以，为了让自己能够生存下去，大熊猫只有不停地吃啊吃。

进入现代化社会以后，人们只注重对竹林、河流的开发，而忽视了对大熊猫生存环境的保护。因此，很多大熊猫的生活区域，大面积的竹林开了花，呈现出枯萎的现象。这让大熊猫面临没有食物可吃的艰难处境，原本就稀有的大熊猫，数量更少了。

大熊猫以其稀有而珍贵，再加上它们的样子可爱，受到了全世界人民的欢迎。1984年第23届奥运会，在美国洛杉矶举行。为了给

大会增添气氛，洛杉矶政府还特地向我国借了一对大熊猫，这座城市的动物园，因这对大熊猫的加入，而变得异常热闹。那些参观者，大多要排队等上4个小时，才能获得与大熊猫见面3分钟的机会！1978年，我国赠送给日本的大熊猫“兰兰”不幸病故，1亿多人口的日本，竟有3000万人，专程去为大熊猫致哀。

可见，世界人民是如此珍视大熊猫。作为大熊猫故乡的中国人，我们更应当爱惜我们的国宝。20世纪80年代，我国秦岭地区，就在为遭到砍伐的竹林逐渐复原。如今，越来越多的志愿者也参与到这项活动中，不计任何回报，为珍稀的大熊猫们修建一片绿地。

狮子都长着威武的鬃毛吗

看过动画片《狮子王》的小朋友，一定对主人公那帅气的鬃毛留下了深刻的印象。是不是所有的狮子都长着威武的鬃毛呢？当然不，在所有的狮子中，一般来说，只是雄狮脖颈上，才会长出一圈浓密的鬃毛，而母狮是没有的。

狮子大多生活在非洲，但亚洲也有一种，它就是——亚洲狮。亚洲狮又称为印度狮，因为它仅产于印度西部。亚洲狮和非洲狮相比，身躯略小一些，看起来

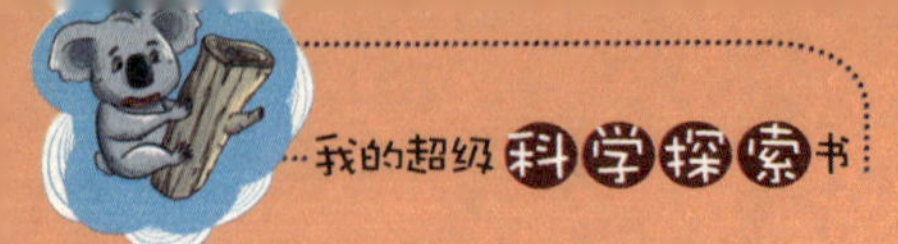

却和非洲狮一样凶猛。亚洲狮喜欢过群居的生活，有意思的是，为狮群捕食的往往不是雄狮，而是看起来体型和气势都略逊一筹的雌狮。这些“巾帼英雄”们，常常协同作战。一旦猎物得手，就可以供它们享用五六天了，在这期间它们也不用再去捕猎。

尽管狮子是非常凶猛的动物，也避免不了被人类猎杀的命运。1757年，印度沦为英国的殖民地后，殖民者竟将捕杀亚洲狮作为一种娱乐项目，亚洲狮遭到了前所未有的屠杀。到20世纪初，亚洲狮就被列为濒危物种了。1908年，有权威人士宣布，亚洲狮仅剩下最后的十多只。为了挽救亚洲狮，人们只好把它们全部捕捉回来，进行人工饲养。与此同时，非洲狮的数量也在逐渐减少。万幸的是，目前

它们还没有进入濒危物种行列。

与亚洲狮一并被列入濒危物种行列的，还有美洲狮。只是，美洲狮并不是真的狮子。它们只是被冠以“狮”的名号，长相还有些像狮子，实际上，它们只是最大的猫科动物。因此，也被称为“美洲金猫”。因为不是狮，所以在它们的脖颈上，是找不到帅气的鬃毛的。

美洲狮也并没有我们想象中那么威武高大。它的体型比一般的狮子要小，和金钱豹有几分相似。尽管没别的狮子那么凶猛，它却也有些过人的本领。老虎和狮子，仅凭尖利的爪子就能蹿上四五米高的树干，可是，到了这个高度以后，它们若想再往上爬就会吃不消的。而美洲狮可以用它宽大有力、带有钩子的脚爪，不费吹灰之力，就爬上高树或攀登岩石。有时还会把

吃不完的食物，藏在高高的树上，待到下一次享用。这样看来，美洲狮其实更像是猫类动物呢！

此外，美洲狮的四肢长得又粗又长，因此它在跳跃方面，也显出惊人的天赋。它们一蹿就到了7米以外，一跃就可达十几米远。美洲狮也很善于奔跑，每小时大约能跑60千米。这种高超的跑跳本领，让美洲狮轻易地就能捕捉到猎物。

曾经，人们对美洲狮怀着深深的恐惧。事实上，美洲狮是一种较温顺的动物。它们更喜欢过安宁的日子，并不喜欢袭击人类。

只是，当有人类攻击它们时，走投无路之下，才会反击人类。在美洲，还有人把小美洲狮捉来驯养。而这些小美洲狮非常的文静，它们像个小姑娘似的，长大后甚至可以和猫、狗相处得很好。同时，它们还可以和狗一样看家护院，因此人们也把它称为“人类的朋友”。

为了得到美洲狮美丽的、厚厚的皮毛，一些残忍的人类，想尽一切办法去猎杀它们。枪、毒药、陷阱……围剿的方法层出不穷。如今，胆小的美洲狮为了生存，竟然躲进了寒冷的高原地区。尽管它们的爪子不适应在雪地活动，但是为了活着，它们只能远远地躲开人类。

什么动物不喝水也活得很好

世界上大多数动物都是要靠喝水维持生命的，不过，有一种动物一辈子不喝水，也能活得好好的，它就是可爱的考拉。“考拉”在澳大利亚土著语中，就有“不喝水”的意思。那么，它真的不用喝水吗？没错，考拉的确可以几个月滴水不进，有的考拉甚至可以一辈子不喝水。你一定要问了：“考拉是从哪里获取必需的水分的呢？”原来，桉树叶才是它们水

源的“供应商”。

考拉是以桉树叶为主食的，所以，它们只在有桉树生长的地方生活。而且，它们对桉树叶还很挑剔，澳大利亚有六百多种桉树，可是，考拉却只吃生长在澳大利亚东部的三十多种桉树叶。有的考拉甚至更加挑剔，它们只吃两三种桉树叶。更不可思议的是，有些种类的桉树叶是有毒的，但是，考拉却不以为然。原来，考拉的肝脏十分奇特，它能很好地分解桉树叶中的有毒物质。

考拉的学名叫树袋熊，其实，它们并不是熊，而是属于有袋类哺乳动物。澳大利亚可是有袋动物的王国呢，因为这里是它们最集中的地方了，考拉则是其中最珍贵的一种。据专家考证，它们至少在地球上生活了1500万年。

考拉用有趣的“袋子”哺育了一代又一代的小考拉。每年夏季，便是考拉的交配期。雌性考拉怀孕1个月便能产下宝宝。刚出生

的小考拉，小得就像一只小虫虫。不过，它能钻进妈妈的育儿袋里，吮吸着妈妈的乳汁。1岁前，小考拉都要在妈妈的育儿袋中生活，直到1岁时，它才依依不舍地离开妈妈，过自己独立的生活。

与袋鼠不同，考拉并没有长出尾巴。原来，它的尾巴经过漫长的岁月后，已经退化成一个坐垫。所以，它才能长时间、舒适地坐在树上。考拉不仅爱坐在树上，也很善于攀爬树干。原来，它的足趾长得十分特别，令它能做出抓握的动作。这样，它就可以牢牢地抓住树枝。后来，人们见考拉总是在树上，于是，便将它归为树栖动物了。

白天，考拉将身子蜷作一团，栖息在桉树上，除了吃树叶就是睡大觉。更多时候，它们就连下树饮水，都懒得动呢！所以，考拉仅从树叶里获取水分，渐渐地，就连它们的皮肤里，都散发着桉树油的气味。考拉的一天中，大约有20个小时都在闷头睡觉。白天很难见它们睁开眼睛，只有夜晚才会外出活动一下。它们沿着树枝，寻找可以充饥的桉树叶，当然，这个懒懒的家伙，一举一动都是慢吞吞的。

自然界中，除了考拉，再没有别的动物喜欢吃味道古怪的桉树叶了！因此，考拉在自然界中并没有天敌，当然，除了人类。由于考拉的皮毛能制作华美的衣物，因此遭到捕杀。20世纪初，考拉几乎绝灭了。1927年，澳大利亚政府颁发了禁猎令，考拉这才得以幸存下来。

你知道吗?

考拉是最可爱的动物

考拉到底长什么样呢?其实,我们对它的模样都不陌生,因为它就是谁都忍不住想抱抱的,丝绒玩具熊的原型。考拉身上布满了淡灰或淡黄色的绒毛,头长得很大,两只半圆形的大耳朵,直立在头顶的两侧。满脸都是短绒毛,中间的鼻子却显得光溜溜的,样子非常逗人喜爱。考拉以它软绵绵、圆滚滚的身体,以及有如琥珀球的眼睛,令全世界都为之倾倒。即使不喜欢小动物的人,见了也忍不住想抱抱它呢。因此,考拉又被誉为“世界上最可爱的动物”、“从童话里走出来的动物”。

你知道吗?

“爸爸”也有育儿袋

神奇的海马家族中,传宗接代的重任被“爸爸”全部包揽。并且,在公海马的身上,还像考拉妈妈一样,也长有一个育儿袋。而母海马在寻找配偶时,也会选择育儿袋比较大的公海马。母海马会将卵产在公海马的育儿袋中,然后,海马爸爸养育小海马的任务便开始了!

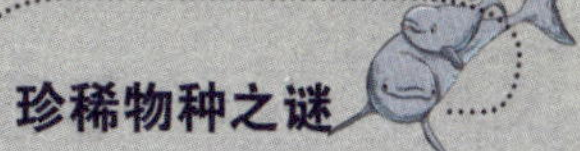

我们都从电视中看见过袋鼠，它和可爱的考拉一样，都是澳大利亚最有代表性的有袋类动物。有袋类动物会将未发育完全的宝宝，放入长在身上的育儿袋中，对其进行哺育。但是，你知道吗？这类动物只有澳大利亚才有哦，可它们为什么只生活在澳大利亚呢？

实际上，在很久以前，有袋类动物是生活在南美洲的。得知这一证据，是在南美洲发现了有袋类动物的化石。那个时期，地球上的陆地都是连在一起的，因此形成了一个巨大的板块。当时的澳大利亚和南极大陆，就位于现在南美洲的南端。不过，在恐龙时代即将结束之际，因地壳的运动，巨大的板块开始了分裂。南极洲与澳大利亚便是在那时，从南美洲分离出来的。有袋类动物中的一部分，也是这样分流到南极洲与澳大利亚的。

但在今天，我们发现有袋类动物只生活在澳大利亚，其他地方的有袋类动物早已灭绝了。灭绝的原因，是地壳变动后，一些肉食动物陆续登场，才将它们猎杀殆尽的。而南

极洲的有袋类动物，则是无法适应寒冷的气候，渐渐灭绝的。与它们相比，在澳大利亚生活的有袋类动物，简直就像来到了天堂！澳大利亚远离其他大陆，因此生活在这里的有袋类动物，不会受到凶猛食肉动物的过多侵扰，而且澳大利亚也没有南极那样寒冷，这里自然成为有袋类动物理想的聚居地了！

不过，近年来人类对袋鼠生存环境的破坏，令袋鼠的数量和种类不断地减少。科学研究表明，大型袋鼠的数量较多，目前还没有灭绝的危险。但是，许多小型袋鼠却已到了绝灭的边缘。这其中就包括一种罕见的白袋鼠。

白袋鼠的居住地也是澳大利亚，它通体雪白，非常漂亮，极其罕见。是全球濒危的物种，目前全世界仅存的也不过一千余只。

相信大家肯定会有一个疑问，通常我们见到的袋鼠都是赤褐色或灰色的，为什么会有白色的袋鼠呢？原来，白袋鼠是袋鼠群体中的“异类”呢！它是由于物理、化学因素导致的基因突变，也是群体中，基因突变的个别现象，因此显得尤为珍贵。

白袋鼠和其他袋鼠一样，一般怀孕1个月左右就会产下不到2厘米长的小袋鼠。小袋鼠刚一出生，就会爬进育儿袋里。它们要在那里长大，直到10个月后，才能过自己独立的生活。

白袋鼠不但数量少，而且繁殖能力也非常低。值得庆幸的是，在我国的杭州，就有两对澳大利亚赠送的白袋鼠，而两只雌性的白袋鼠，于2006年5月双双怀孕，并产下了健康的宝宝，两个宝宝活泼可爱，每天都会吸引成千上万的人前来观看。

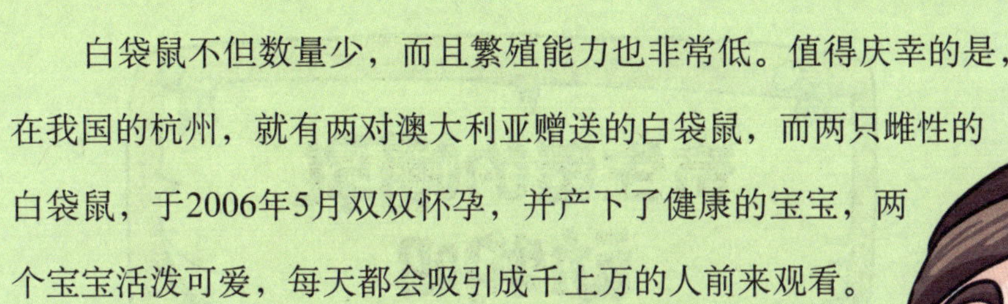

与白袋鼠一样，被列入濒危物种行列的，还有澳洲毛鼻袋熊、尖尾兔袋鼠、短鼻大袋鼠。人们发现，这些濒危袋鼠的体型往往都很小，它们濒临灭绝的原因，除了人类破坏环境以外，也常遭到天敌的入侵。

有生蛋的哺乳动物吗

什么是哺乳动物呢？一般来说，哺乳动物都是胎生的，就比如，猪妈妈会直接产下小猪宝宝，而不会像鸡妈妈那样，先产下蛋宝宝，再经过一段时间的孵化，才育出小鸡。哺乳动物的宝宝，都要经过妈妈的乳汁喂养。成熟以后才开始自己觅食、求生。而卵生动物的后代，则会像小鸡那样，一破壳就能吃食，不需要妈妈的奶水来喂养。

很长一段时间，科学家都认为，所有的哺乳动物都是胎生的。直到人们在澳大利亚，惊讶地发现了一种生蛋的哺乳动物。真的有生蛋的哺乳动物吗？

没错，它就是鸭嘴兽。

传说，革命导师恩格斯曾经见到一枚鸭嘴兽的蛋，则断言鸭嘴兽不是哺乳动物。尽管在澳大利亚的当地，所有人都说鸭嘴兽是一种哺乳动物，恩格斯也不相信。最终，事实证明鸭嘴兽的确是哺乳动物。这时，恩格斯则幽默地说："不得不请求鸭嘴兽的原谅。"后来，它被学者们称为卵生的哺乳动物。它的奇特之处在于：虽然是哺乳动物，但是它的生殖孔和排泄孔却是一样的。由于它的肚子里没有孕育胎儿的子宫，所以只能产卵来繁殖后代了。

鸭嘴兽不仅生育方式十分奇特，而且外形也不常见。见过鸭嘴兽的人，都有一个疑问："它到底是鸭子还是浣熊啊？"若是从它突起的扁扁的嘴，和长蹼的脚来看，它分明就是鸭子嘛！可它的身材却更类似浣熊，与鸭子相比，就显得格格不人了。

由于人们搞不清它到底像什么，这让发现这种动物的科学家犯了难：该叫它什么才好呢？科学家经过100年的琢磨和研究，才给它起了一个相对合适的名字——鸭嘴兽。

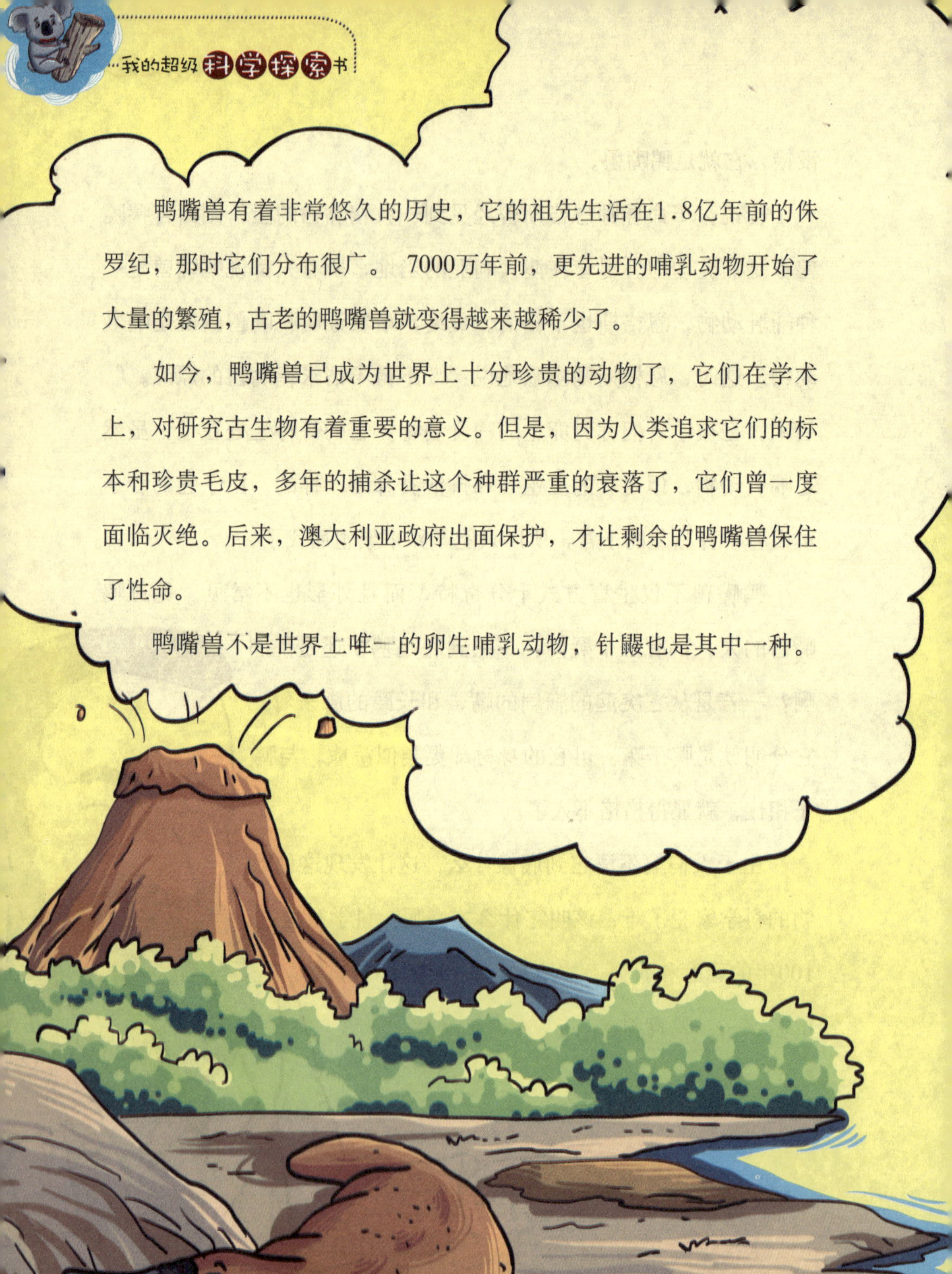

鸭嘴兽有着非常悠久的历史，它的祖先生活在1.8亿年前的侏罗纪，那时它们分布很广。 7000万年前，更先进的哺乳动物开始了大量的繁殖，古老的鸭嘴兽就变得越来越稀少了。

如今，鸭嘴兽已成为世界上十分珍贵的动物了，它们在学术上，对研究古生物有着重要的意义。但是，因为人类追求它们的标本和珍贵毛皮，多年的捕杀让这个种群严重的衰落了，它们曾一度面临灭绝。后来，澳大利亚政府出面保护，才让剩余的鸭嘴兽保住了性命。

鸭嘴兽不是世界上唯一的卵生哺乳动物，针鼹也是其中一种。

针鼹是澳大利亚有史以来最古老的动物了！它的出现比鸭嘴兽还要早，而作为长老级的动物，针鼹自然有着非凡的相貌了。它的身长大约在33厘米~53厘米之间，体重在2.5千克~6千克。由于身上披挂着粗硬、尖锐的刺，所以被人们称作针鼹，也叫刺鼹。它们习惯过独居的生活，用舌头舔食蚂蚁等昆虫，是它们维系生活的方式。

针鼹和袋鼠一样，都是澳大利亚的象征。同时，还是一种非常珍稀的动物。由于针鼹的珍贵和稀有，澳大利亚人民十分珍惜它们的存在，甚至还将它们的形象印在了钱币上。

你知道吗？

针鼹妈妈肚子流乳汁

雌性针鼹在繁殖期，腹面也会生出育儿袋，不过，这个育儿袋可是临时的，哺乳期一过就会消失。它们的卵将直接产到育儿袋中孵化，孵化后的小针鼹，将会在袋中生活一段时间。不过，令人惊奇的是，虽然针鼹是哺乳动物，可是母针鼹却没有乳头。但是小针鼹是不会被饿到的，因为妈妈有个很神奇的肚子呢，吮吸着肚子上流出的乳汁，小针鼹就能快乐的长大了。

你知道吗？

育儿袋

有少数的低等哺乳动物，如针鼹、袋鼠，雌性的腹部由皮肤皱褶形成了一个袋，袋内有乳腺和乳头，因为是用来哺育小宝宝的，所以被称为育儿袋。为什么袋鼠类的动物会有育儿袋呢？原来，袋鼠虽然被称作胎生，可它们却没有胎盘。袋鼠妈妈怀孕四五个星期后，就会产下像铅笔头那么大的小袋鼠。它们长约2厘米，无毛，而且看不见东西。全凭前肢和灵敏的嗅觉，小袋鼠沿着妈妈给它舔出的道路爬进育儿袋，叼着袋里的乳头发育成长。200天后，小袋鼠就可以外出活动了。若是遇到危险就会立即钻入袋中，由妈妈带着逃走。

“四不像”到底和谁长得像

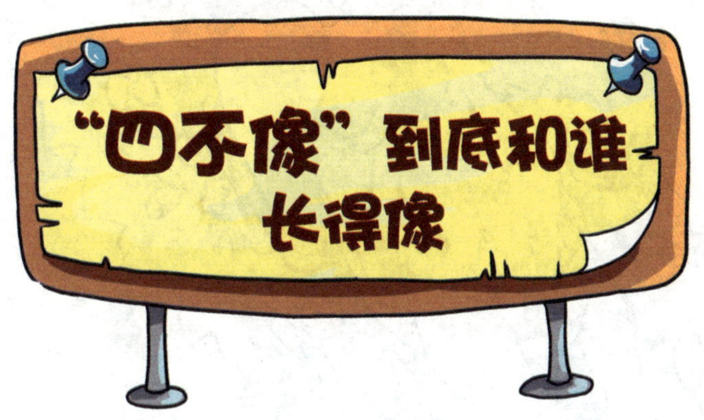

“四不像”是什么，也是一种动物吗？怎么它的名字这么古怪呢？其实，四不像的学名叫麋鹿。因为它的角似鹿非鹿，蹄似牛非牛，颈似驼非驼，尾似驴非驴，正因为集四种不同的特征于一身，故又被称为“四不像”。

麋鹿是我国特有的鹿科动物，从古至今，我国历代的经典、文章、寓言、诗歌中，都可以见到它的身影。它与人类的这种密切关

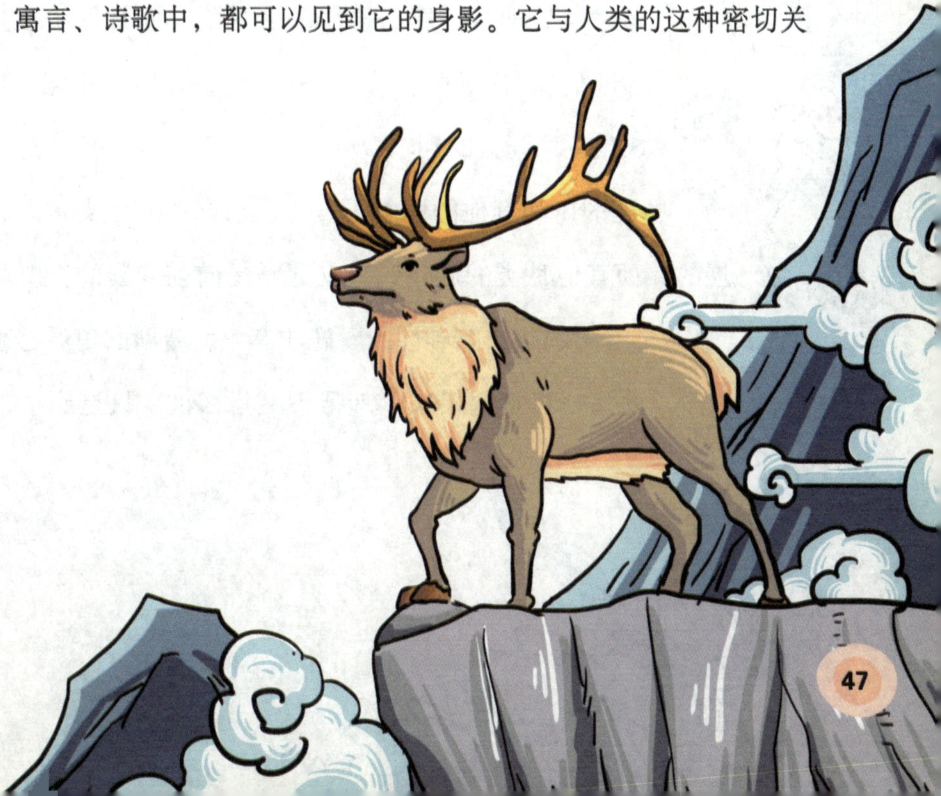

系，是其他动物无法比拟的。古时候，由于没有年历可用，人们便把麋鹿一年一度的换角，看成春回大地的标志。麋鹿是人们十分崇拜的，认为它能唤来春天，是一种寓意吉祥的动物。鹿角每年都会脱落，而且每年还会生长出新的，而且鹿角的生长速度奇快，因此麋鹿还被看成是生命旺盛的标志。

麋鹿的角和其他的鹿角不一样，它们角的分支是向后伸展的，而其他种类的鹿角，分支通常是向前伸展的。麋鹿可不是都有角的，只有雄性的麋鹿才有角。麋鹿的角看起来很凶猛，可打起架来，却帮不上什么忙。只是到了求偶

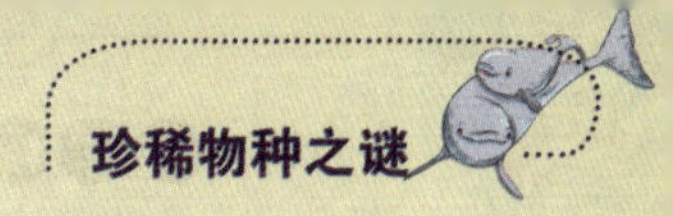

的季节，美丽的角是雄性麋鹿炫耀自己的资本。

此外，跟其他鹿类大不相同的是，麋鹿的蹄长得十分宽阔，因此，在满是稀泥的湿地里行走，是十分有优势的。这是因为麋鹿是典型的湿地动物，它们身上的一些特征，完全是为了适应湿地环境而生的。再如，麋鹿的尾巴在鹿类中也是最长的，由于湿地里的蚊虫较多，长长的尾巴就像苍蝇拍一样，将那些小小的“吸血鬼”驱赶开。

麋鹿家族曾经非常兴旺，还流传着“麋鹿成群，虎狼避之”的说法。可是，麋鹿在商代时便开始走向没落了。古时候，麋鹿被看作吉祥之物，因此，祭天祭祖的供桌

上，若是没有珍稀的麋鹿作为供品，人们就会觉得脸上无光。麋鹿全身上下都是珍贵的中药材，人们对它垂涎三尺，千方百计想去猎杀它们。中国五千年来逐渐变冷变干燥的气候，让喜欢温暖湿润的麋鹿不知所措，从而大批死去。

明末清初，野生麋鹿便走向了绝灭。只有黄金苑林还饲养着麋鹿，却也仅供王公贵族狩猎用。清朝以后，来到中国的西方人第一次见到麋鹿，对其惊叹不已。后来，偷运现象频出，麋鹿渐渐被“移民”到国外。至清朝末期，中国特有的麋鹿已在国内销声匿迹了。

远渡重洋的麋鹿过得并不幸福。由于不适应海运生活，不少麋鹿在运输途中便失去了生命。即便历经千辛终于到达了欧洲，由于

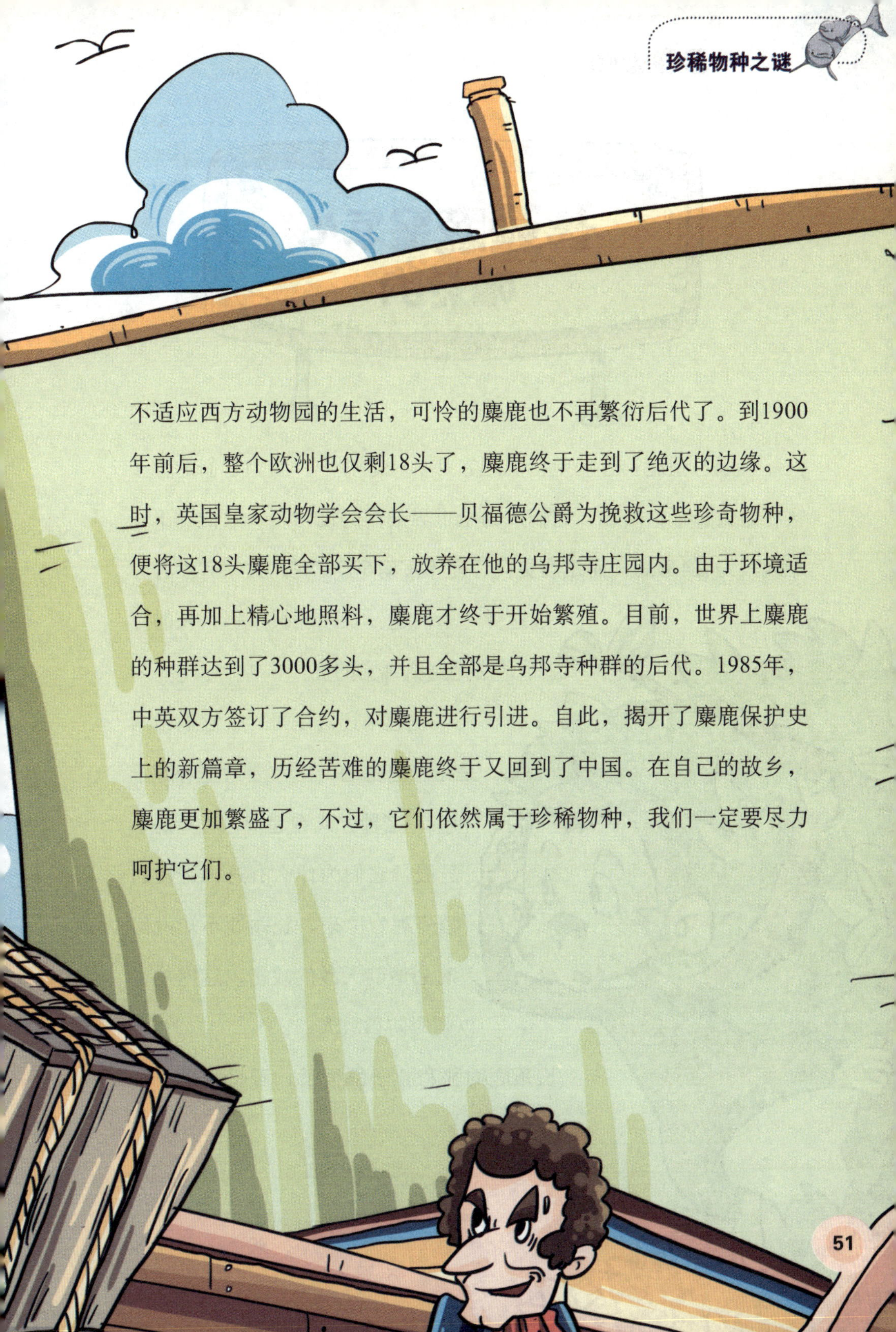

不适应西方动物园的生活，可怜的麋鹿也不再繁衍后代了。到1900年前后，整个欧洲也仅剩18头了，麋鹿终于走到了绝灭的边缘。这时，英国皇家动物学会会长——贝福德公爵为挽救这些珍奇物种，便将这18头麋鹿全部买下，放养在他的乌邦寺庄园内。由于环境适合，再加上精心地照料，麋鹿才终于开始繁殖。目前，世界上麋鹿的种群达到了3000多头，并且全部是乌邦寺种群的后代。1985年，中英双方签订了合约，对麋鹿进行引进。自此，揭开了麋鹿保护史上的新篇章，历经苦难的麋鹿终于又回到了中国。在自己的故乡，麋鹿更加繁盛了，不过，它们依然属于珍稀物种，我们一定要尽力呵护它们。

长颈鹿是怎么睡觉的

说起长颈鹿，你一定会想起它那长长的脖子。因为它们的脖子实在是太长了，所以，它们成为全世界最高的动物。一般情况下，雌鹿大约有4米高，而雄鹿更高，差不多有6米高呢。大家有没有想过这样一个问题：长颈鹿长了那么长的脖子，它是怎么睡觉的呢？

说起来还真是可怜，它们常常是站着睡觉的，常常要弯垂着脖子和头，这种方式看起来，可真是不舒服。它们为什么有这样奇怪的睡姿呢？原来，长颈鹿不知道何时会遭到天敌的攻击，这样才可以随时防御敌人。

长颈鹿的腿和脖子都很长，若是躺下来，

就要花很长的时间才能站起来。这时如果出现了狮子，还没等它站起来，可能就已经成为狮子的猎物了。所以，长颈鹿只能站着睡觉，因此，它们的睡眠时间也非常短，每次只能睡5分钟左右。

每次只睡5分钟，那哪儿够啊？如果你有这种想法，请不要担心。长颈鹿睡一觉的时间虽然很短，但是它一天的睡眠时间加起来，大约有2小时左右。对于长颈鹿来说，只要保证2小时的睡眠，就绝对不会在关键时刻打瞌睡的。

不过，现在越来越多的长颈鹿进入动物园中饲养，它们也一改以往站着睡觉的习惯，渐渐习惯躺在笼子里，安心大胆地呼呼大睡了。因为，它们知道，动物园里绝对不会有天敌突然出现。

长颈鹿的脖子虽然很长，但它们颈骨的生物构造和其他动物没什么差异，它们颈椎骨的数量同其他哺

乳动物一样，也是由7块组成的。只是每块要长得多，长脖子对于它们来说有用极啦！长颈鹿居住在辽阔的非洲大草原，在这样的地区，有着高高的个子，就意味着可以看得更远。这样，很容易看见敌人，方便自己及时逃跑。

与此同时，长长的脖子更利于它们进食，雌雄长颈鹿在进食方式上略有不同。通常，雄鹿会伸长脖子吃最高处树枝上的叶子，而雌鹿则会俯身吃矮灌木上的叶子。长颈鹿的舌头也很长，约有四支铅笔那么长哦，颜色大多为棕色，而且略带斑点。虽然它看起来又长又不好看，不过十分灵活，还可以挑出树叶中细小的刺呢。

漂亮的长颈鹿还有一个小秘密呢，这个秘密就藏在它们的嗓子里。原来，长颈鹿是没有声带的，所以它不能“说话”。为了弥补

这个不足，它的视觉和听觉就显得格外灵敏了。尤其是它们的视觉，即便是藏在它们身后的东西，也不能逃脱它们的慧眼呢！

绝大多数的长颈鹿都分布于非洲撒哈拉沙漠以南的地区，常在草原和森林的边缘地带活动，因此被称为非洲热带草原上一道亮丽的风景线。据古生物学家研究推断，长颈鹿最初起源于亚洲，以中国和印度为主。现在，野生长颈鹿的数量越来越少，它们已成为世界上极为珍贵的动物了。

你知道吗？

长颈鹿与人类医学

据说，长颈鹿的脖子实在是太长了，所以，它们必须拥有比任何动物都高的血压，只有这样才能使它们的大脑供血充足。所以，人们担心的高血压可是长颈鹿的福音呢。而这一点，也引起了医学界的浓厚兴趣。现在，有许多医学工作者也在研究这一课题，以便将来造福人类。此外，长颈鹿头上两只长长的角，也是珍贵的中药材，有为人类治病的功效。

你知道吗？

梅花鹿的斑点会消失吗

梅花鹿是鹿类动物中最美丽的一种。它们的体形匀称、体态优美，体侧还镶嵌着很多排列有序的白色斑点，看起来像梅花一般，十分养眼。不过，梅花鹿身上美丽的斑点，时隐时现，它们是在玩儿捉迷藏的游戏吗？原来，这是梅花鹿在换新装呢！每到春秋两季时，它们身上的毛就会脱换一次。当冬天厚重的毛，换成夏天轻盈的毛时，梅花鹿身上一部分毛的白色素就会变多，再加上此时整个身体的毛较薄，因此斑点看起来就特别明显了。而从夏毛换成冬毛时，白色素又会减少。又长又厚的毛让斑点很难被发现。所以，有时我们会觉得，这是斑点在与我们玩儿捉迷藏的游戏呢！

有没翅膀的鸟吗

通常情况下，鸟儿都是会飞的，然而，有一种鸟却没有翅膀，因此，飞似乎离它很遥远。这究竟是什么样的鸟呢？它就是新西兰的几维鸟。

新西兰人非常喜爱长相奇特的几维鸟，并将它视为“国鸟”。在新西兰的钱币上、邮票上都有它的形象呢。一些幽默的新西兰人，甚至在见到外国朋友时，还会自豪地告诉对方：“我是一只几维鸟。”

几维鸟在叫的时候，会发出“ki-wi”的声音。它的大小和家鸡相仿，雄鸟的身长也只有45厘米左右。此鸟虽然属于鸟类，却没有鸟的特征，它们没有翅膀，也没有尾巴，浑身被一层细长而柔软的绒毛包裹着，看起来像一个毛茸茸的大线团。不过，几维鸟双腿却粗短而有力，这让它们十分善

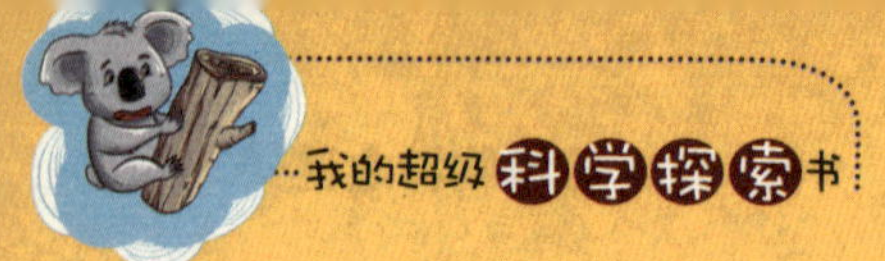

于奔跑。若是发起脾气来，它甚至能将同类踢出老远呢！

仔细观察这种古怪的鸟，你就会发现，它们的脑袋又圆又小，而嘴巴却长长的。它的长嘴可以用来觅食，就像一把利剑，不停地掘着泥土，任何小虫都难以逃过这种“采掘器”。有趣的是，几维鸟的长嘴，除了用于吃东西外，还有另外一个妙用，那就是作为休息的支柱。每当它跑累时，长嘴就充当起“第三条腿”来，它像拐杖一样支撑在地面上，与两条腿相配合，好似一个活的“三脚架”，把身子支得稳稳当当，好让自己舒舒服服地睡上一觉。更奇特的是，它的鼻孔竟然长在嘴上，就在嘴巴的最前端。因此，它的嗅觉功能就显得十分独特了，这种独特的嗅觉，甚至可以找到距地面7英寸以下的小虫呢！

几维鸟长长的嘴，可真是神通广大！可是，它们的视力却糟糕极了。即使是大白天，行走在平坦的大路上，也会常常撞到篱笆

上。它们的眼睛最怕光了，若是接触到强烈的阳光，就会有受伤的危险。因此它们更喜欢白天窝在树洞里，静静地睡觉，到了夜晚才出来觅食。

这种习性给新西兰动物园出了难题，因为世界各地的人们，千里迢迢赶来看它们，它们却不肯走出梦乡，让游客悻悻而返。为了解决这一难题，新西兰政府特意建设了一座模拟夜景的禽馆。进入禽馆后，仿佛就行走于夜间，在这里便可以看到可爱的几维鸟，它们在树叶间时隐时现，被“欺骗”的几维鸟仿若置身“天堂”，悠然自得地生活着。

为什么几维鸟只在新西兰有呢？原来，这与新西兰特有的环境有关。早在一亿年前，新西兰其实是与大陆分离的，许多原始动植

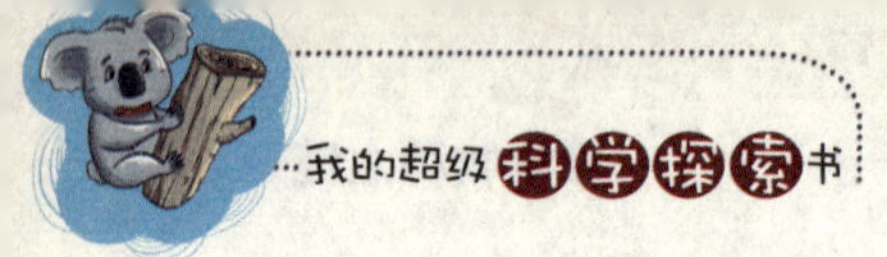

物，便在这里幸存下来。在这块古老的大地上，没有凶猛的走兽和毒蛇，地面上的食物又十分丰富。于是，许多鸟类更习惯在陆地上找吃的，却很少飞翔了，渐渐它们的飞翔能力便退化了，最终变成了无翼鸟。由此，新西兰也被称为无翼鸟故乡，几维鸟便是其中之一。由于几维鸟只分布在一个国家，所以更显得倍加珍贵。

这种珍贵的鸟，不仅分布局限，而且生殖能力也不出色。一般雌鸟一年才产一次蛋，每次也仅有1~2枚。有趣的是，几维鸟的个头小小的，可它们的蛋宝宝却大得惊人。重量竟然比一般的鸡蛋大5倍呢！这就相当于雌鸟自身体重的1/4，甚至有时还能达到1/3。如果按照鸟蛋和雌鸟重量比例计算，几维鸟可是当之无愧的第一名！

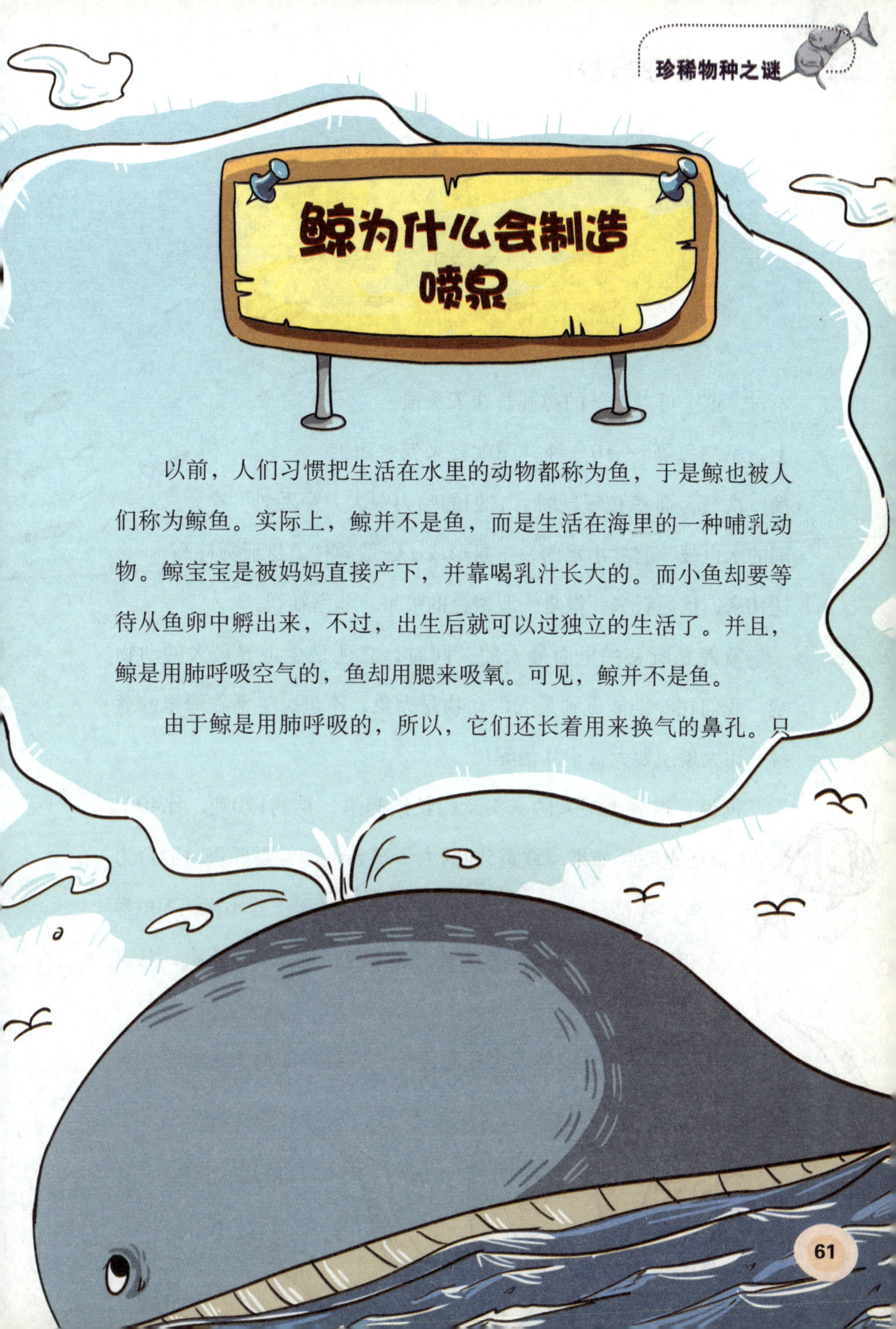

鲸为什么会制造喷泉

以前，人们习惯把生活在水里的动物都称为鱼，于是鲸也被人们称为鲸鱼。实际上，鲸并不是鱼，而是生活在海里的一种哺乳动物。鲸宝宝是被妈妈直接产下，并靠喝乳汁长大的。而小鱼却要等待从鱼卵中孵出来，不过，出生后就可以过独立的生活了。并且，鲸是用肺呼吸空气的，鱼却用腮来吸氧。可见，鲸并不是鱼。

由于鲸是用肺呼吸的，所以，它们还长着用来换气的鼻孔。只

不过，这个可以换气的鼻孔长在了头顶上。平均每隔5～10分钟，鲸就要来到水面上换一次气。而鲸在呼气时，它们的喷力很大，鼻腔外围的水也被一起卷出水面，于是形成了一股雾柱。这股雾柱高达10米，远远看去，像是一股银色的喷泉，非常壮观。

蓝鲸是所有鲸里面最大的。同时，它还是全世界最大的动物哦。我们在陆地能见到最大的动物是大象，不过，生活在海里的蓝鲸，比大象还要大二十几倍呢！

据说，世界上最大的一头蓝鲸长约34米，重约170吨，比40头大象还重呢！如果用载重5吨的大卡车装运，就需要将34辆合为一体，才能装走它。经解剖测量，它的肠子差不多有500米长，肉约60吨，脂肪和骨头各占20多吨，就连一条舌头，竟也有大约3.5吨重呢！

然而，这么一个庞然大物在海洋里，究竟是如何生活的呢？科学家们经过考察，发现蓝鲸的嘴里并没有牙齿，只是在上颌骨上，排列着许多板状须，而这些须板却能像筛子一样，在下颌的肌肉上，形成许多皱褶。蓝鲸的口腔就如同手风琴的风箱般，既能扩大也能缩小。

蓝鲸最爱吃个头小的浮游动物，特别是磷虾。当蓝鲸捕食时，先是张开大嘴，把海水和磷虾等浮游生物一起吞进口腔，然后闭上嘴巴，须板的空隙以及鼻腔上边的两个人排气孔，就可以作为排出海水的通道了，而食物早就被它吞到肚子里去了。据测算，一头蓝鲸一天要吞食大约5吨鱼虾，才能满足身体营养的需要。它们真可谓是“吃饭冠军”呀！

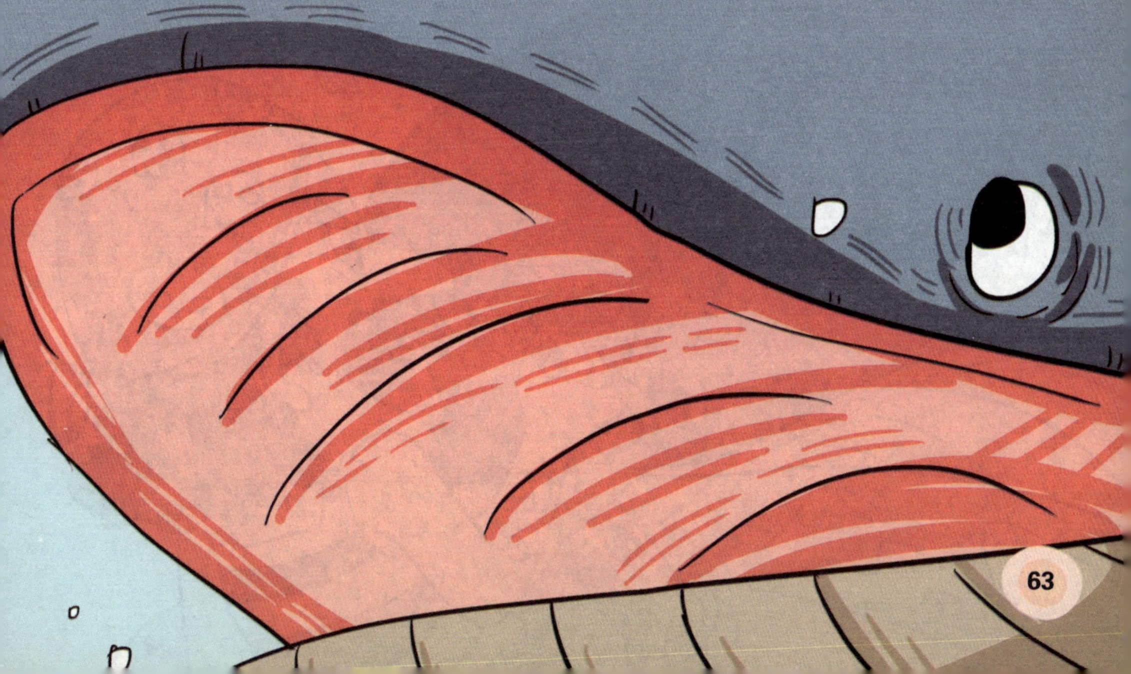

蓝鲸的孕期一般为11个月，鲸宝宝刚一生下来，就有大约六七米长，体重有好几吨呢！每天要吃掉1吨多的奶汁，用不了十天，鲸宝宝的体重就会成倍的增长。

虽然蓝鲸庞大无比，但是性情十分温顺，而且它们全身都是宝。比如约占蓝鲸体重27%的脂肪，它可以作为提炼工业生产用的高级润滑油原料；鲸须则是可制作高级工艺品的贵重材料。因此，蓝鲸也成了贪婪的捕猎者们争夺、猎杀的对象。近年来，蓝鲸的数量急剧减少，濒临灭绝。如今，在世界范围内已经全面禁止捕猎这种庞然大物。如果没有人类的猎杀，蓝鲸一般可以存活50年，有的甚至可以活到100年。

你知道吗？

世界上最大的鱼

如果要找海洋里最大的鱼，那就当数鲸鲨了。鲸鲨是鲨鱼的一种，它有着非常庞大的身躯，一般体长约15米。由于它的外形和鲸长得很像，所以，被人们称为鲸鲨。在海洋中，鲸鲨常成群地在海面上，露出高高的背鳍，像鲸一样慢慢地游动。鲸鲨是卵生的鱼，它生的卵是世界上卵生动物中最大的，差不多要有一个小西瓜那么大呢！

你知道吗？

著名的鲸家族成员

在鲸家族中，比较著名的成员还有：灰鲸、座头鲸、虎鲸。灰鲸是哺乳动物中，迁移距离最长的种类，长达1万千米～2.2万千米。在漫长的迁徙途中，它们永远不用担心会迷路，这是因为在灰鲸的基因中，有一幅“水下地图”； 座头鲸的长相十分奇特，背部不像一般鲸那样平直，而是向上弯曲的，所以又名“弓背鲸”、“驼背鲸”；而虎鲸则是名副其实的“歌唱家”和“语言大师”，它大约可以发出62种不同的声音呢！并且，每种声音都可代表不同的含义。

鲸只生活在海里吗

我们知道，鲸的体型十分庞大，它们是生活在大海里的哺乳动物。那么，是不是所有的鲸都生活在大海呢？告诉你吧，在淡水中也有鲸鱼存在呢！这种鲸叫作江豚。在我国的长江里就能看到它们的身影，此外，在西太平洋、印度洋，以及日本海和中国沿海等一些热带至温带海域，也有它们矫健的身影。

江豚家族最喜欢把家安在咸水和淡水交界的海域了，当然，也有些江豚很有个性，偏爱在大小河川的下游地带，找到一片淡水，在那里过自己的小生活。若是除去在淡水中生活的怪癖，论长相和猎食方式，江豚跟一般的鲸并没有什么差别。

大部分江豚喜欢独来独往，不过，有时也能看到一些江豚成群结队出行。此外，也能看到4～5只，结成小群体出行的。目前，有记录的超级大群体，成员足足有87只，想象一下，那场面该有多壮观啊！不过，这样庞大的江豚群十分罕见。

每当江中有大船行驶，就能看到江豚跟在后面，顶浪或乘浪起伏。另外，江豚还常把头部露出水面，然后一边快速地向前游进，嘴巴一张一合的。不时从嘴里喷出水来，有时喷出的水，能达到60厘米～70厘米远呢！

江豚常常发出奇怪的叫声，人们听到后，有的说像羊叫，有

的说似鸟鸣。其实，这与江豚发出的两种不同频率的信号有关。现在，研究人员已经了解其中一种信号，它们是为了探测周边环境和捕食才发出的；另一种，研究员猜想它们可能是在自言自语，也有可能是在炫耀自己的游泳绝技呢！

江豚的游泳本领可了不得，它可以不停地翻滚、跳跃、点头、喷水，或者突然转向等等。你知道江豚什么时候最爱卖弄绝技吗？就是它在找女朋友的时候。有这么多绝技，找到合意的江豚“媳妇”自然是不费吹灰之力了。经过结婚、怀

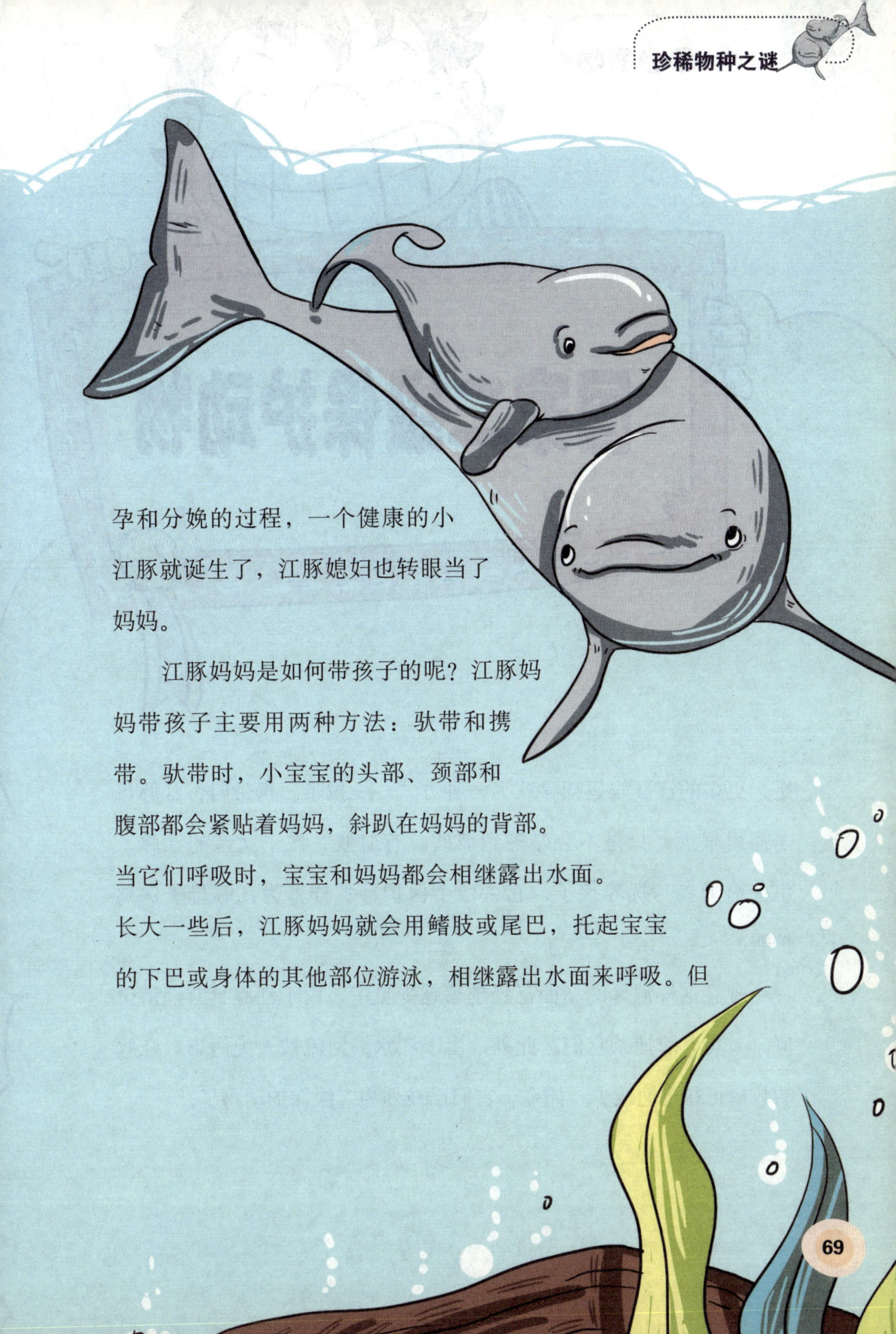

孕和分娩的过程，一个健康的小江豚就诞生了，江豚媳妇也转眼当了妈妈。

江豚妈妈是如何带孩子的呢？江豚妈妈带孩子主要用两种方法：驮带和携带。驮带时，小宝宝的头部、颈部和腹部都会紧贴着妈妈，斜趴在妈妈的背部。当它们呼吸时，宝宝和妈妈都会相继露出水面。长大一些后，江豚妈妈就会用鳍肢或尾巴，托起宝宝的下巴或身体的其他部位游泳，相继露出水面来呼吸。但

是，更多的江豚妈妈却喜欢另一种方式——携带。携带时，江豚母子靠得很近，只是不会碰触到彼此。有时候，做了父亲的江豚，也会努力参与抚养孩子，它会像个保护神那样，为江豚母子保驾护航。

现在这样温馨的场面已经越来越少见了，由于江豚具有经济价值，人类大肆捕杀它们。此外，由于江水、河流被人类污染，江豚的数量正在迅速减少。如今，它们已被列为二级保护动物了。

为了王子化成泡沫的美人鱼公主估计无人不晓，那么，这个世界真的有美人鱼吗？告诉你吧，还真有人亲眼看见过。

当年，探险家哥伦布在做环球航行时，途经加勒比海的多米尼加比亚克河河口，突然间，他和船员们看到一大群奇怪的生物。它们在海中直立着哺乳，样子像极了希腊神话传说中的美人鱼。他们当时都惊呆了，据说美人鱼有美妙的歌喉，并且，它们会用歌声吸引水手，然后将其置于死地。当然，这样的事情并没有发生。事实上，哥伦布所见到的生物并不是美人鱼，那只不过是一群海牛而已。

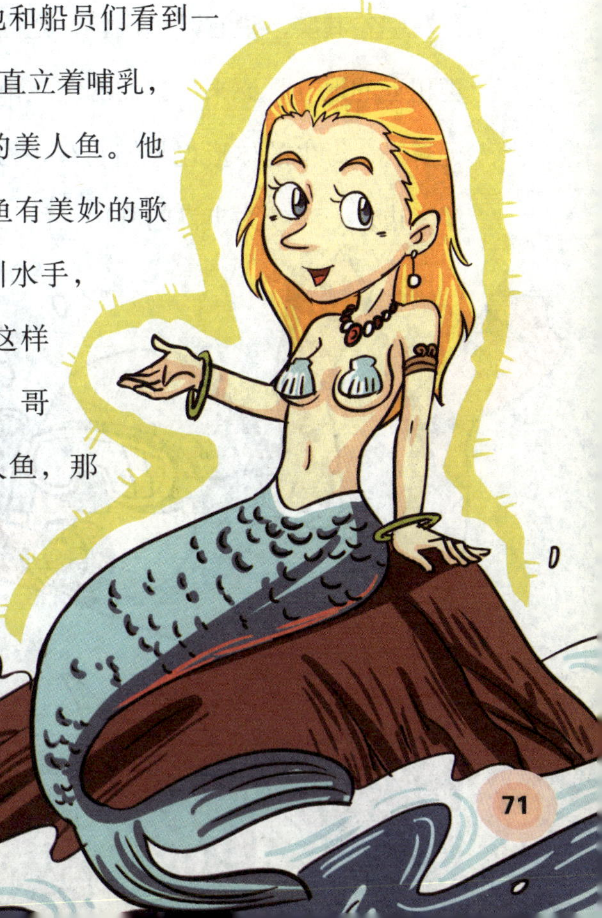

说起来，海牛和牛毫无瓜葛，倒是和大象沾亲带故。只不过它们的祖先，渐渐远离了陆地，来到海洋谋生。但迄今为止，它们的肤色仍与大象的极为相似，另外，它们皮肤的厚度约为6厘米，这也与大象接近，而且它们同样都是毛发稀少。

海牛看上去十分笨重，体重大约500千克，它们身上长有很多皱纹，胡须也非常多。所以，海牛与图画书中的美人鱼的形象，还是相差很多的。这么一个“丑八怪”，怎么会使水手联想到“美人鱼”呢？其实，说它是美人鱼，是因为它在生活习性上，有着和人类相近的地方，原来，它们的宝宝都是吮吸妈妈的乳汁长大的。远远看去，海牛的体形也与妇女有些相像。它那进化了的前肢，和胸鳍旁边，一对较为丰满的乳房，所长的位置都与人类十分相似。所

以，当它偶尔露出上半身，出现在海面上时，远处的人看到后，真的会以为看到“美人鱼”了呢。

海牛可不是个挑食的孩子哦，它们大都以海藻、水草等多汁的水生植物以及含纤维的灯芯草、禾草类为食，只要是水生植物基本上都能吃。它食量非常大，每天要消耗45千克以上的水生植物，所以它一天中差不多都在吃。海牛在吃海藻时，看起来很像是牛吃草。一面咀嚼，一面不停地摆动着头部，这是它所以叫海牛的原因。海牛的行动非常迟缓，虽然常年生活在海中，但水下功夫却一般，游泳速度每小时只有2海里左右，即便是被敌人追赶，逃跑的速度也不超过每小时5海里。正因为它能吃但又不愿动，所以才养得胖胖的。

在人类看来，膘肥健壮的海牛肉美味极了！更何况，它的皮和油也大有用处，因此海牛成了人类狩猎的目标。由于人类的肆意捕杀，斯特拉海牛已被赶尽杀绝。

海牛的动作比较迟缓，而且大大咧咧的，没有戒备之心，就算见到人也不会避开；另外只要一个伙伴面临危机，它们就会团结起来与敌人对抗。也因此，人类每次的猎杀活动，都会大获全胜。可是，人类若是将这种残忍的行为，再继续下去，美人鱼化成泡沫的故事，就会发生在海牛的身上，它也会从我们的视线中永远消失的。

什么动物连尿尿都懒得去

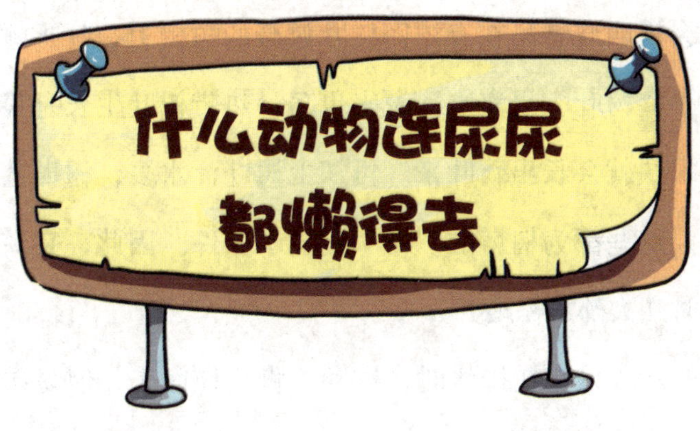

很多兽类动物都是活泼好动的，不过，也有一些野兽整天睡觉，十分怕动，懒得出奇。那么，谁是世界上最懒的兽呢？冠军就是生活在南美洲的树懒。

树懒是个有趣的名字。我们乍一听，就会联想到这种动物的懒惰。的确，这是一种以“懒”出名的动物。树懒生活在南美洲的热带丛林里，它们

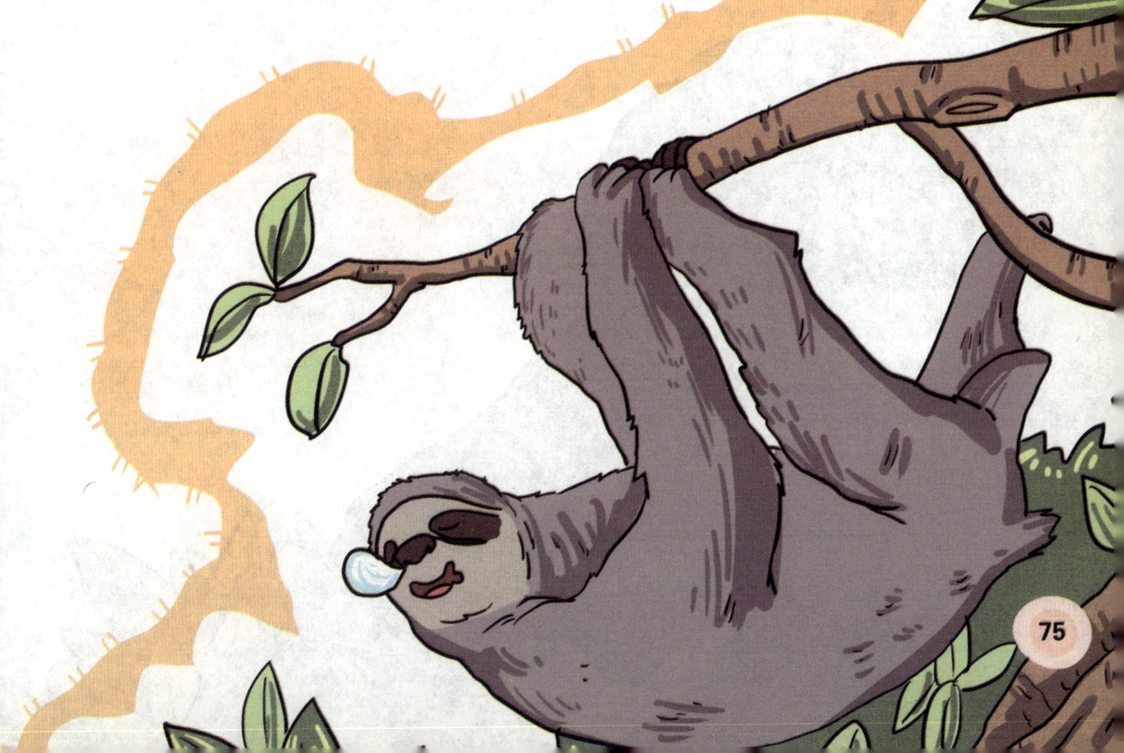

每天都会用四肢悬吊在有浓密树叶遮蔽的树杈上，呼呼睡大觉。饿了就随手摘树叶、果实吃。说来也巧，热带树叶生长是很快的，被吃掉后很快就会长出新叶来。再加上树叶汁水多，树懒甚至不用下地饮水，这些都为树懒的“懒”提供了条件。因此，它经常挂在一处，有时几天都不挪地方。

只有在排泄时，树懒才肯到地面去，但是次数很少，每月只有一两次。即便有幸看到它们动起来，也是有气无力的样子。要知道，它可是世界上走得最慢的哺乳动物呢，每迈一步需12秒钟左右，这个速度，简直比爬行的蜗牛还要慢。如果你让两只树懒比赛跑步，估计都要等到第二天早上，才能见输赢了。

树懒分为三趾树懒和二趾树懒两种，前者四肢都为三趾，后者前肢两趾，后肢三趾。通过长时间的观察，树懒趾上的钩状爪，长得非常发达，它可以牢固地抓住树枝，并且还能吊起几十斤重的身躯哦。因此，即便永远倒悬着攀爬和移动，也不会有失足的危险。

树懒不爱动，行动也较迟缓，那么它们是怎么在热带雨林中生存下来的？原来，对于成年树懒来说，它们体毛表面有很多细小的槽，那里正是绿藻、地衣植物安家的地方。植物会在它身上萌发、生长、蔓延。最终，就像它身上的一件“绿色外衣”。有了

这身保护色，树懒简直就像个“隐身人”，一动不动地藏在绿树丛中，很少有敌害能发现它。

然而，随着人类不顾一切地追求经济利益，近些年来，树懒赖以生存的热带丛林遭到了严重的破坏，这给它们带来了灭顶之灾。树懒现在已是极度濒危的动物了。

与树懒一样面临灭顶之灾的“懒家伙”，还有懒猴。树懒和懒猴都爱在树上生活，可它们却是截然不同的两种动物——前者是兽，后者是猴。

与绝大多数猴子的机灵好动相比，懒猴是个只爱呼呼大

睡的懒家伙。并且，懒猴还很胆怯怕人，一对大眼睛看起来总那么无辜。所以人们又叫它“怕羞猴”。 懒猴的行动与树懒一样迟缓，走一步大约需要12秒。不过，在危急来临时，它们的速度会有所加快，不过，由于它们的攀援能力不错，能在树枝间自由地穿梭往来，这一点比树懒要强。

由于懒猴懒惰、怕羞的特性，人类能毫不费力地捕捉到它，加上懒猴又有一定的药用价值，人类对它的非法捕捉就更频繁了。此外，懒猴自身的繁殖速度也慢，如今，数量越来越少，已被列为国家一级保护动物。

你知道吗?

懒猴的撒手锏

懒猴胆怯害羞，像个温顺的小孩子。人们会以为懒猴很好欺负。其实不然，懒猴也有自己的撒手锏，在万不得已时用来保护自己。懒猴可是世界上唯一藏有毒液的灵长动物哦，它的毒液就藏在肘部。在危急时刻，它会将肘部的毒液吸入，放在嘴里混嚼起来。接着，它们又会向敌人狠咬一口，虽然这一口不会致命，但也是非常疼痛的。然而，这也阻挡不住人类猎杀懒猴的脚步。有些非法盗猎者，它们在捕捉到懒猴后，常常会用钢丝钳，将懒猴的牙齿拔掉，因为他们害怕懒猴急了会咬它们一口。

你知道吗?

树懒的头能转270°

有趣的是，绝大多数哺乳动物，包括颈部相对较短的鲸和颈部最长的长颈鹿，通常都具有7块颈椎。不过也有个别现象，比如二趾树懒及海牛，它们有6块颈椎，而三趾树懒的颈椎骨，多达9块。这样就使它在寻找食物的时候，只要灵活地转动头部，根本不需要移动身体就可以了。树懒头部转动的最大角度可达270°，这可以极大地增强树懒颈部的弯曲程度和灵活性。

虫子会演变成草吗？有些听说过“冬虫夏草”的人，会十分肯定地告诉你：会，虫草就是由冬天里的一条虫子进入夏天以后变成的。

其实，这个说法有一定的道理，但并不准确。一提起冬虫夏草，很多人都会望词生义，有些人认为，冬虫夏草是一种“虫子”，或是一种药“草”，还有些人认为，这是虫子和草的结合

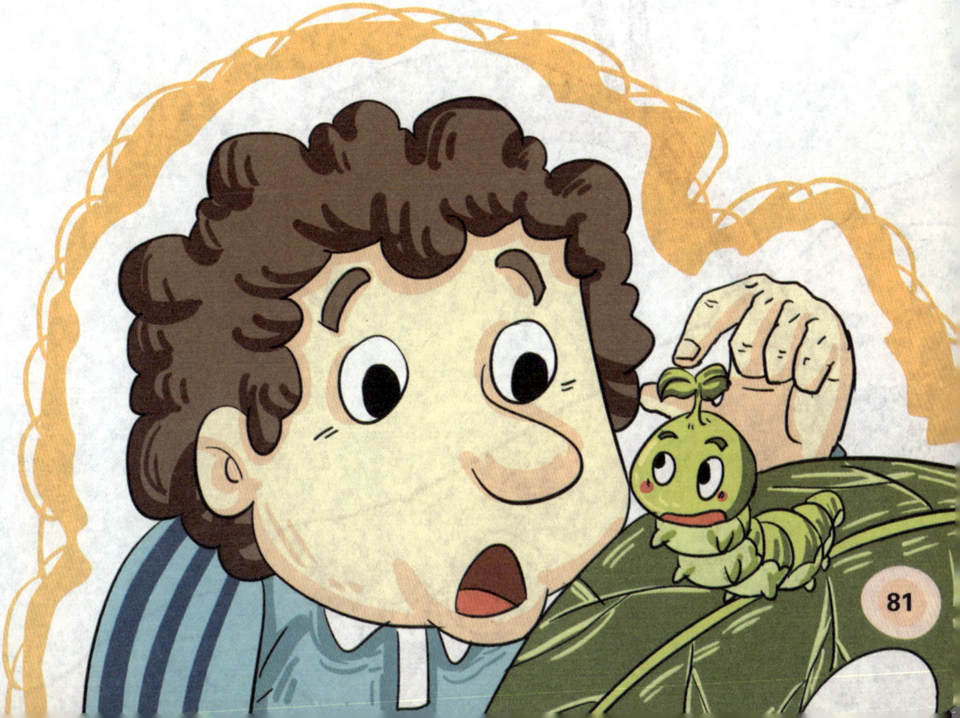

体。实际并非如此，虫草并不是某一种动物虫子，同时，它也不是植物草。经过动物学家的实地考察和研究，发现虫草是一种叫作“蝙蝠蛾幼虫”的动物，它是被虫草菌感染寄生后的产物。

虫草蝙蝠蛾的幼虫，生活在土壤里，以吃植物的根为生。当幼虫长到一定时期，它就会钻进近地表处，头部向上准备化蛹。此时若是受到土壤中虫草菌的感染，那么真菌就会进入虫体，以吸走虫体的养分为生，并将其发展成为菌丝。这些菌丝充满虫体，可怜的幼虫就这样死去了。但是，虫壳并没有改变，它保持原来幼虫的样子。此时如果挖出来，就是冬天的“虫”。等到下一年春夏之交

时，菌丝再次发育，从死虫的头部长出一棒状菌座，渐渐地伸出地表，这看上去就像一根草苗，所以，又被称之为“夏草”。如果将地面上的“草”连同地下的虫一起挖出来，那可是十分珍贵的，而这就是人们所说的“虫草”了。虫草菌并不是只寄生在蝙蝠蛾幼虫体内的，它还可以寄生在多种昆虫的体内。

一般来说，虫体刚刚死去时，菌体的生长会十分迅速。这些菌体在一天之内，就可以长到虫体那么长，而这个时候的虫草，就被称为“头草”，质量也最好；第二天菌体就会长到虫体的两倍左右，这时，它便又有了新名字，叫作“二草”，质量便不如一等了；不过，三天以后菌体就会疯长，这个时候的营养价值，已经是微乎其微了，采来也没多大用处。

野生的冬虫夏草，它们生长在海拔3000米～5000米的高原或草地上。其中，冬虫形状像一只只老蚕，表面是黄棕色的，背部还长

有许多皱纹，腹部有8对足；而夏草则长得像普通的草苗，长度大约有6厘米，直径3毫米左右。

在我国，青海省的产量大约占据整个冬虫夏草产量的70%以上，其次就是西藏和四川。此外，甘肃和云南也有冬虫夏草分布，不过数量非常有限。

据现代药理学研究，冬虫夏草中，含有虫草酸、蛋白质、脂肪等营养成分，它既可以入药，又可以食用。食用冬虫夏草，还有滋补、保健的功效呢。

近年来，由于挖虫草的贪心人越来越多，虫草的资源在日渐减少。因此，我们一定要好好保护这些神奇的虫草。

有能够储存水分的树吗

大家都知道，在沙漠里水是最重要的。但是你们知道吗，在沙漠旅行中，若是我们发现了“生命之树”，就可以品尝到它赐给我们的“生命之水”了。原来，在它的树皮上开一个洞，清泉便会喷涌而出了。这是不是很神奇呢？

这可不是编童话故事，现实生活中真的有这么神奇的树，它就是猴面包树。为什么猴面包树能够储存这么多水分呢？

原来，热带草原气候终年炎热，有明显的干湿季节，干季时降雨就

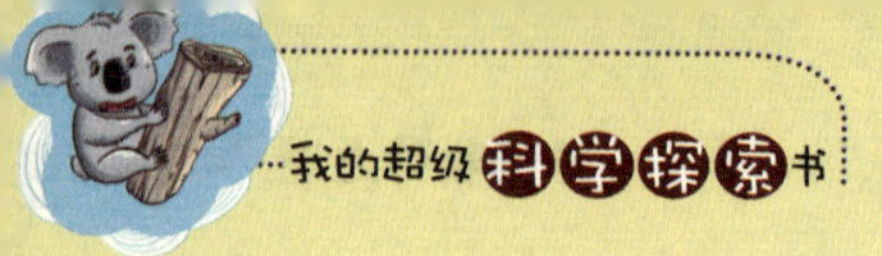

会很少。猴面包树为了能够顺利地度过旱季，在雨季时，就会拼命地吸收水分，贮藏在它肥大的树干里。它的木质部就好像多孔的海绵，里面含有大量的水分，在干旱时，人们就可以在这里得到水源了。它曾为很多旅行的人提供救命之水，解救了他们的生命。因此，人们尊敬地称它为“生命之树”。

“生命之树”的木质又轻又软，完全没有木材利用价值。但有趣的是，当地居民常把树干的中间掏空，搬进去居住。这就形成一种非常独特的大自然“村舍”。也有的居民，将掏空的树干作为畜栏或贮水室、储藏室。更让人不解的是，在“生命之树”树洞里，贮存起来的食物，可以放置很长时间，不需要任何处理，它们都不会腐烂、变质。看来，“生命之树”的名字还真是名不虚传呢！

猴面包树的名字是怎么得来的呢？难道它能为猴子烤制面包吗？其实，这个名字和它结的果实有关。猴面包树的果实是椭圆形的，并且十分巨大，就如足球一般。果肉甘甜多汁，含有有机酸和胶质，是猴子、猩猩、大象等动物最喜欢的美食。在果实成熟时，猴子就会成群结队地跑来，爬上树去摘果子吃，所以才有了“猴面包树”的称呼。

猴面包树长相非常奇特，它属于木棉种植物，树干不过20米左右，胸径可达到15米以上，往往要十几个成年人，手拉手才能将它合抱。树冠直径可达50米以上。由于它看上去就像个大胖子，所以当地居民又称它为“大胖子树”、“树中之象”。

为什么猴面包树会如此粗壮？对此还有一个古老的传说：当猴面包树在非洲“安家落户”后，它从来不听“上帝”的安排，却为自己选择了生活在热带草原。这激怒了“上帝”，便把它连根拔了起来，从此猴面包树就倒立在地上，成为一种奇特的“倒栽树”。直到今天，它仍分布在非洲的热带草原上，只是很少。不过，它仍然是那里特有的风景。

猴面包树不仅是最粗的树，还是最长寿的树，即使在热带草原那干旱的恶劣环境中，它的寿命也可以达到5000年左右呢。据说，18世纪，法国著名的植物学家阿当松在非洲就见到了一些猴面包树，其中最古老的一棵已活了5500年左右了。由于当地民间传说猴面包树是“圣树”，因此受到了当地人们的保护。

有雌雄异体的树吗

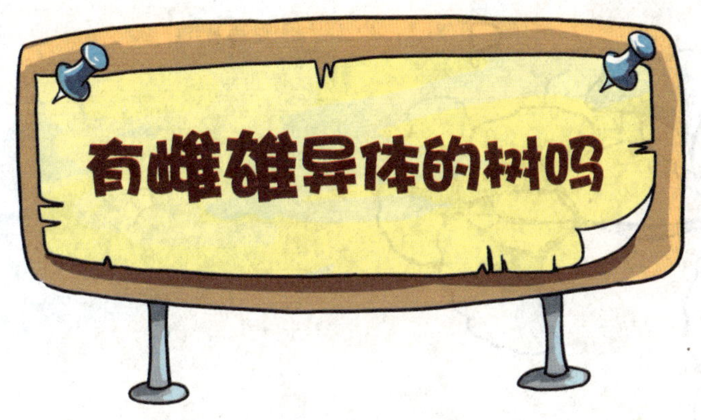

我们知道，动物往往有雌雄之分，比如说羊，由公羊和母羊结合才能生下小羊。在植物界，却并非如此，就拿玫瑰花来说，玫瑰花的雌蕊和雄蕊生长在同一株花中，在蜜蜂或者蝴蝶的帮助下授粉，才能结出果实来。因此，玫瑰花就是玫瑰花，它们并没有雄玫瑰花、雌玫瑰花的区分。

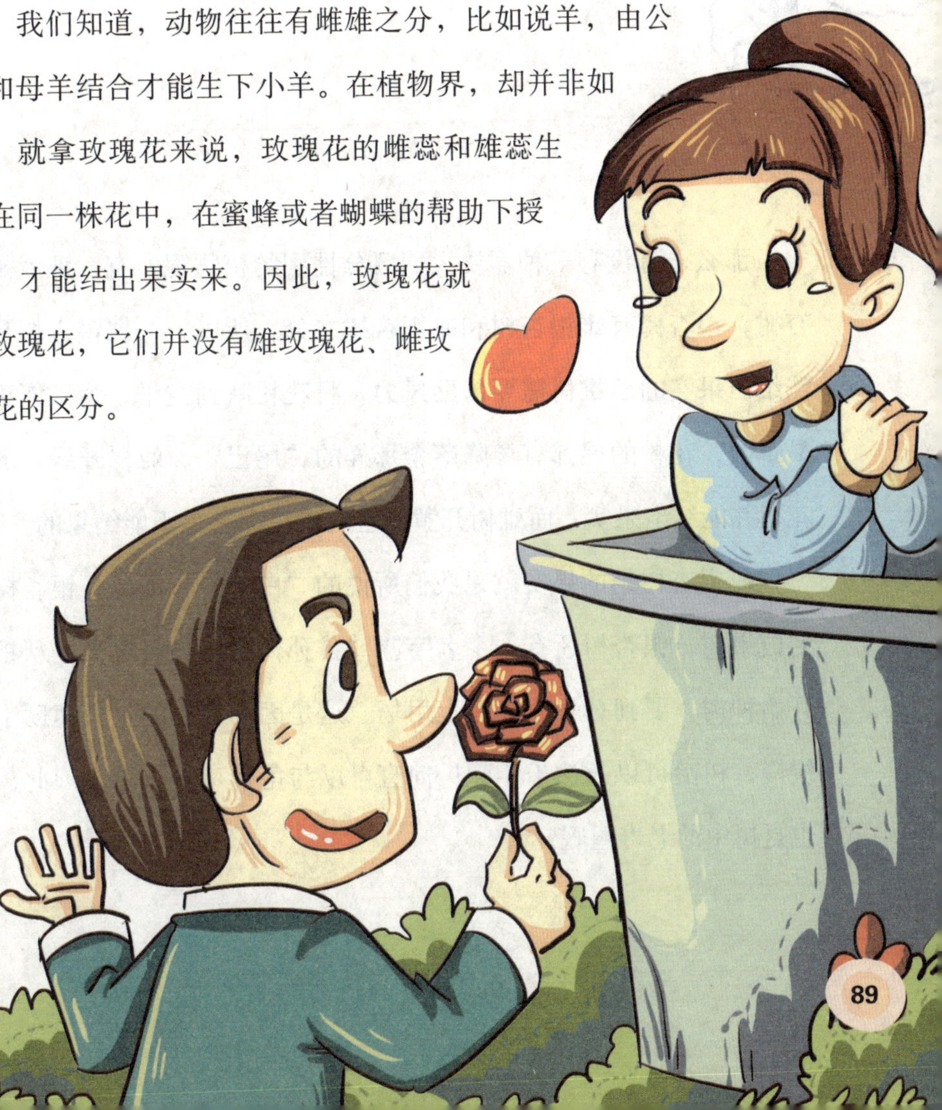

那么，有没有一种需要人们区分性别的植物呢？有，那就是银杏树。银杏树有雄银杏树和雌银杏树之分。所以，一棵银杏树是没法结出果实的。雄树需要借助风力，将花粉吹到空中，为了能更容易飘散，花粉的尾部有像降落伞那样的“尾巴”。雌树开绿色的雌花，并能结出果实；而雄树开黄绿色的雄花，它是不能结果的。

雌银杏树结的果实就是我们所说的“白果”，因此，银杏树又名白果树。银杏树还有一个名字叫“公孙树”。顾名思义，从祖辈开始种树，要到孙辈才能派上用场。这是因为银杏的生长速度十分缓慢，树龄可以长达千年呢！简直可以与龟媲“寿”了，因此，它也是树中的老寿星呢。

银杏树在我国广泛栽培，在日本也有分布。世界上最大的银杏树，生长在我国贵州，这棵银杏树是棵雄树，它大约有5000～6000年的树龄了，根径约有5.8米，比一般的客厅还宽呢，该树的一代树已经死去了，这时它们的心空了，而外围属于二代树。要想围抱这棵古树，至少也得凑齐13个人才行。

银杏树是世界上最古老的树之一，它最早出现在侏罗纪时期。侏罗纪距今约有1.35亿～2.05亿年，那时候，全球气候都很温暖，

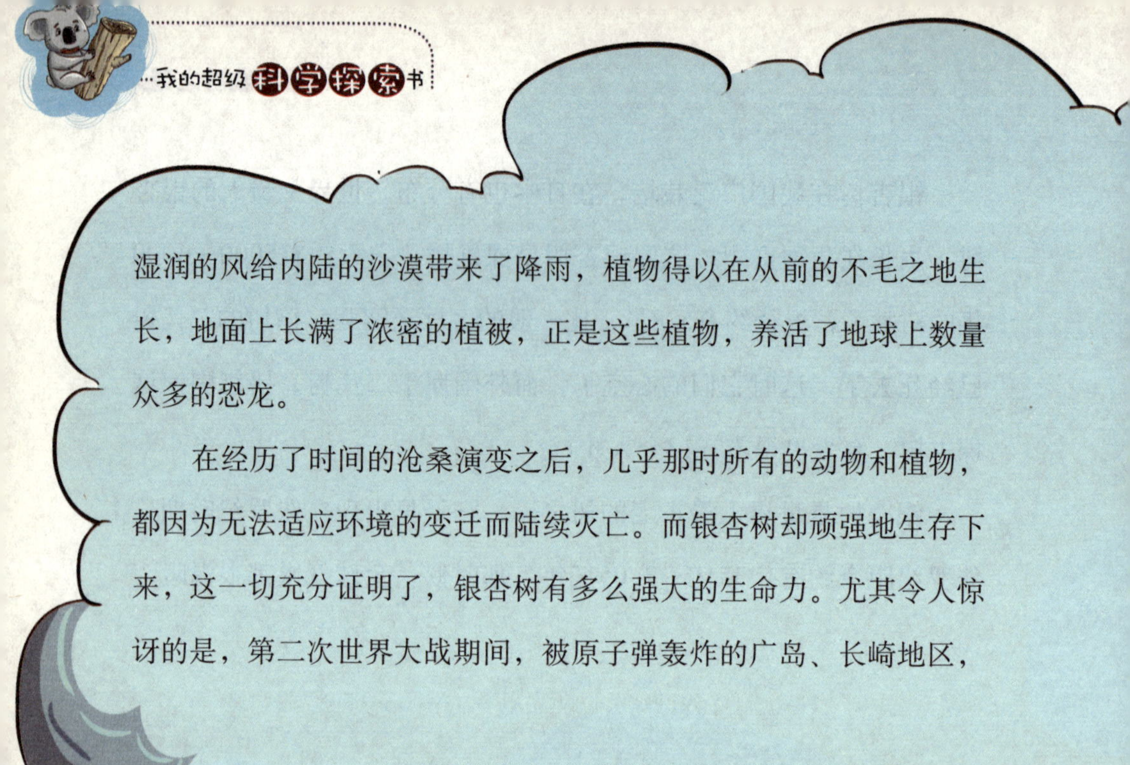

湿润的风给内陆的沙漠带来了降雨，植物得以在从前的不毛之地生长，地面上长满了浓密的植被，正是这些植物，养活了地球上数量众多的恐龙。

在经历了时间的沧桑演变之后，几乎那时所有的动物和植物，都因为无法适应环境的变迁而陆续灭亡。而银杏树却顽强地生存下来，这一切充分证明了，银杏树有多么强大的生命力。尤其令人惊讶的是，第二次世界大战期间，被原子弹轰炸的广岛、长崎地区，几乎所有的植物均遭到了破坏，死伤殆尽。可人们发现，唯独几棵银杏树奇迹般地存活下来。那么，是什么原因使得银杏树具有如此顽强的生命力呢？

研究发现，银杏树具有防火、耐烟、抗辐射等强大性能。在银杏树的叶片中，就有二十多种抗辐射的微量元素。所以，银杏树在工厂或军事设施中，被作为一种掩护树种。

银杏具有很好的药用价值。在我国古代，人们就会用白果入药，它具有调血理气的功效。随着科学的不断发展，银杏的用处被逐步深入揭开。现代科学证实，银杏叶的提取物黄酮能有效调节血脂，对心脑血管疾病也有着显著的疗效。自此，银杏叶的开发利用更是遍及全球。

你知道吗？

中生代和侏罗纪

中生代是地质时代的称谓，是指古生代与新生代之间的时期，由于这段时期的优势，动物属于爬行动物，尤其是恐龙。因此也称为爬行动物时代。中生代距今差不多有2.5亿～6500万年，这其中包括三叠纪、侏罗纪和白垩纪。在侏罗纪时代，恐龙是陆地上的统治者，翼龙类和鸟类也相继出现了。与此同时，这个时期，裸子植物到了极盛期，而银杏类植物也发展达到了高峰。

你知道吗？

古银杏树“复活”了

我国有不少负有盛名的银杏树。最让人不可思议的是，湖北宜昌的一棵千年银杏树，它竟然能浴火重生，实在是令人称奇。相传宋朝神宗继位，全国天灾不断，百姓为祈求雨水，好让良田保收，于是将一位道教高人请来，天师在最贫瘠的山冈上种上一棵银杏树，后来这个地方不管怎么旱涝，都能够保收成。2008年春节，一场大火将这棵银杏树烧了一天一夜，人们正在痛惜这棵千年银杏树将被烧死，这棵古树却奇迹般复活了，现在已经得到相关部门的保护。

有能生宝宝的树吗

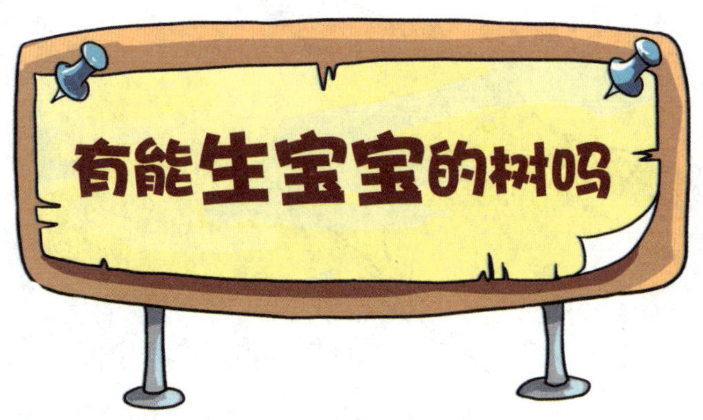

如果说某种动物是胎生的，大家绝不会感到奇怪。母马怀胎产下小马驹的景象，对于我们来说，都很常见了。然而，若是说某种植物是胎生的，你可能会大吃一惊。难道还会有树妈妈生宝宝的怪事吗？没错，那就是红树林植物。

如果有机会来到深圳海边，站在海岸上，你就会发现一些长得不是太高的树木。它们高约一米多，在岸边浅水中生存。这种树叫秋茄树，它就

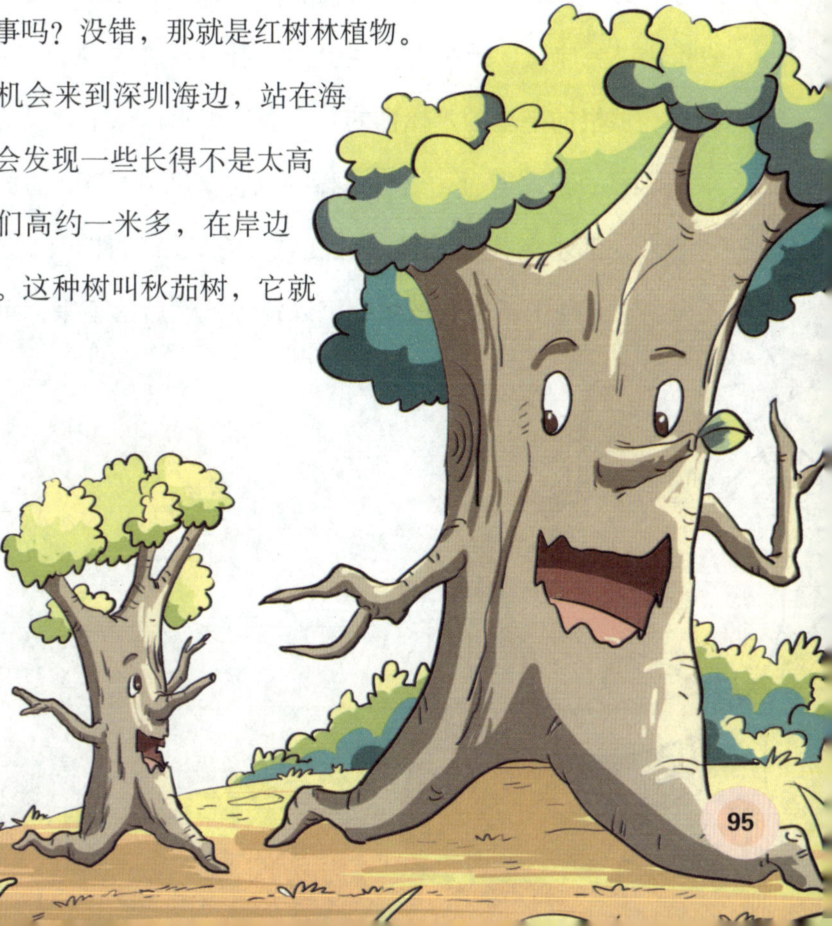

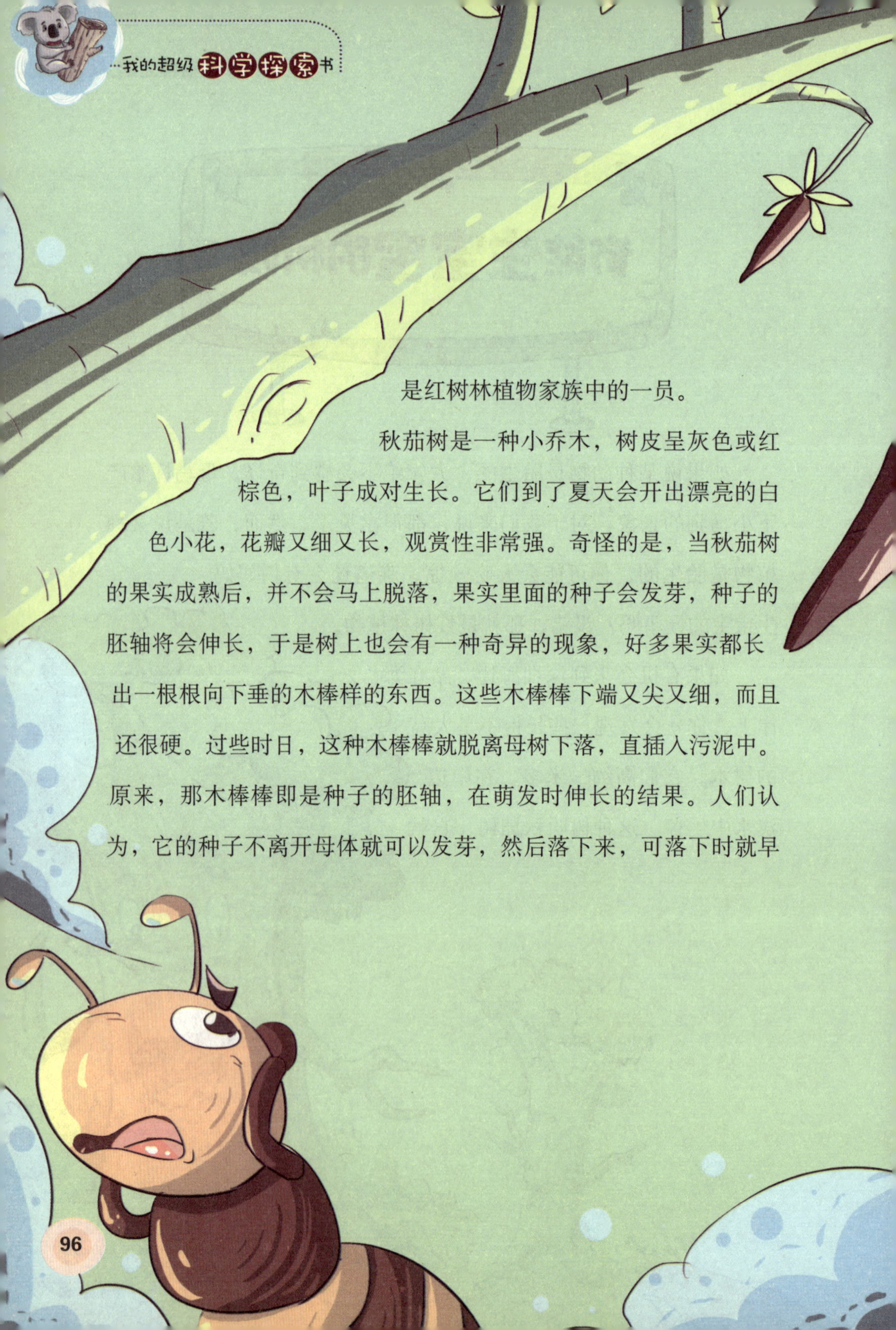

是红树林植物家族中的一员。

秋茄树是一种小乔木，树皮呈灰色或红棕色，叶子成对生长。它们到了夏天会开出漂亮的白色小花，花瓣又细又长，观赏性非常强。奇怪的是，当秋茄树的果实成熟后，并不会马上脱落，果实里面的种子会发芽，种子的胚轴将会伸长，于是树上也会有一种奇异的现象，好多果实都长出一根根向下垂的木棒样的东西。这些木棒棒下端又尖又细，而且还很硬。过些时日，这种木棒棒就脱离母树下落，直插入污泥中。原来，那木棒棒即是种子的胚轴，在萌发时伸长的结果。人们认为，它的种子不离开母体就可以发芽，然后落下来，可落下时就早已不是原来的种子了。而成为一个幼小的植物。

这就好比大树下小树一样，成为胎生现象。这种现象在别的树木中很少见，因此秋茄树被称为“胎生树”。

为什么秋茄树会有胎生现象呢？这是为了繁殖后代。它的环境是浅海滩地，潮水退时植株露在外面，潮水来时，植株的下部又浸在水中。如果此时，果实的原样掉落，就会很容易被水冲走。如果在母树上发芽，长出长而硬尖的幼株体，它在落下时，就会直插入泥中，并很快生根固定，就不易被水流冲走了。

红树林家族中有一百多位成员呢，其中大部分都是胎生的，如红树、红茄冬、角果木、木缆、海莲等等。其中，红树也是十分著名的“胎生树”。

和秋茄树一样，红树的树枝边缘也会长出新芽，

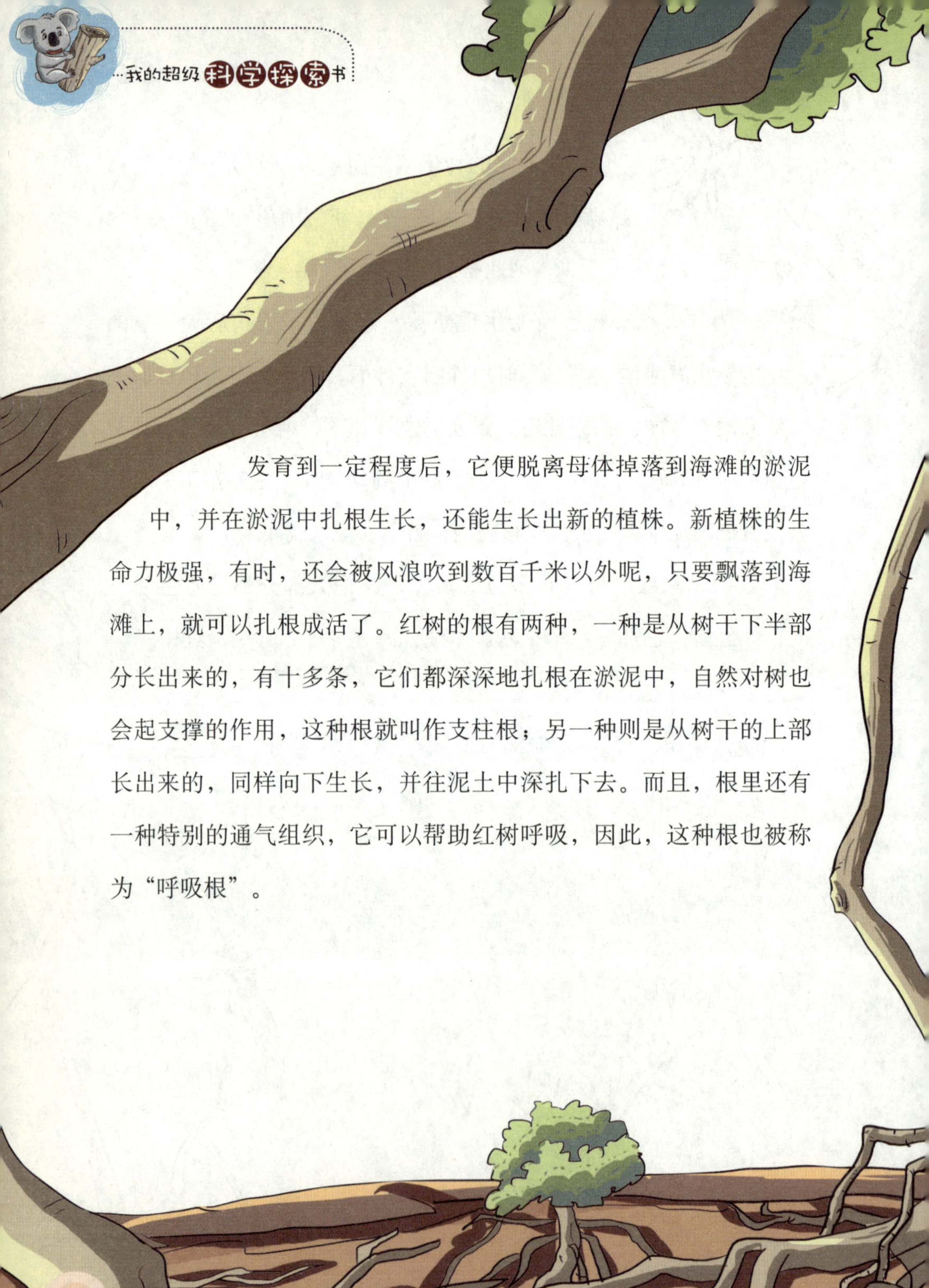

发育到一定程度后，它便脱离母体掉落到海滩的淤泥中，并在淤泥中扎根生长，还能生长出新的植株。新植株的生命力极强，有时，还会被风浪吹到数百千米以外呢，只要飘落到海滩上，就可以扎根成活了。红树的根有两种，一种是从树干下半部分长出来的，有十多条，它们都深深地扎根在淤泥中，自然对树也会起支撑的作用，这种根就叫作支柱根；另一种则是从树干的上部长出来的，同样向下生长，并往泥土中深扎下去。而且，根里还有一种特别的通气组织，它可以帮助红树呼吸，因此，这种根也被称为“呼吸根”。

我们知道，植物一般都是用叶子呼吸的，为什么红树林喜欢用根呼吸呢？原来，红树林常常处于被潮水淹没的状态。因此，供给它的空气非常缺乏，许多红树林植物，便都具备了呼吸根。呼吸根外表有粗大的皮孔，内部还有海绵状的通气组织，这大大的满足了红树林，为这些植物提供了更多的空气。

如果我们站在红树生长的海岸边，就会看到一番奇景：每到落潮时，就会有各种各样的支柱根，还有呼吸根露出地面，它们纵横交错，挡住了人们的道路。然而，正是因为这些纵横交错的支柱根，将陆上冲来的泥土挡住，加速了海滩淤泥的沉积，使海岸不断向大海延伸，所以，红树林还是有名的造陆先锋呢！

有怕痒痒的树吗

有的小朋友可能怕痒，被人轻轻挠一下胳肢窝，就会笑个不停。你知道吗？在自然界，有一种树也像人一样怕痒，那就是紫薇树。紫薇的树干中间，有一种白色的花纹，轻抓这种花纹，整棵树就会开始晃动，它们就像怕痒的人一样，所以又被称为“怕痒树”。

为什么紫薇树会像人一样“怕痒”呢？有人认为，这是由于它们本身生物电的作用；也有人认为，这是紫薇树树身光滑、枝条很柔软，所以稍一接触，就会全身摇晃。不过，至今科学家还没有找到最确切的原因。我们还要耐心等待进一步的研究结果。

紫薇树不止有“怕痒树”的称号，它还被称作“满堂红”、“百日红”。称它“百日红”，是由于它的花期特别长，7月至10月的几个月，它都会不断地开花。此外，北方人对紫薇树还有一个奇特的称呼——“猴刺脱”，因为树身太滑，连猴子都爬不上去。看来，紫薇树另一个神奇之处是无树皮。

物以稀为贵，世界上千树万木中有几种是无皮的？年轻的紫薇树干，年年都会生表皮，年年又都自行脱落，表皮脱落以后，树干显得新鲜而光滑。老年的紫薇树，树身就不再生表皮了，因此筋脉外露，看起来莹滑光洁。

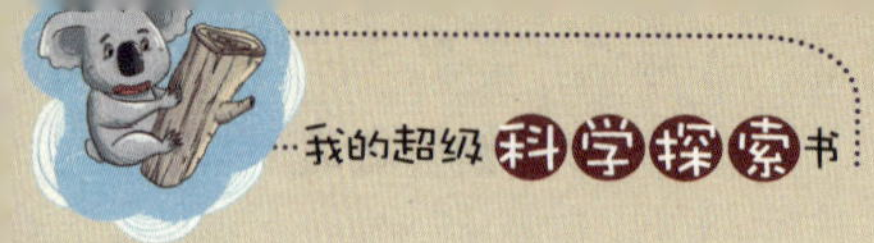

通常，紫薇树都会挺拔地站立着，满树紫红色的小花尽情地开放，它们具有很好的观赏价值。因此，人们还把它栽种在庭院、街道和马路上。

不仅奇特的紫薇树会因外界触动，就会发出强烈的反应。在植物界，还有两种有趣的草，一种是跳舞草，另一种是含羞草，它们和紫薇树一样，都是非常珍奇的植物。

跳舞草会“跳舞”，它的叶片两侧，生长着大量的线形小叶，而且对声波非常敏感。若是气温不低于22℃，特别是在阳光下，受到了声波的刺激，它就会随之运动起来。不信，你对着它放一首优美的歌曲，它准会像翩翩起舞的少女，舒展自己的手臂，情意绵绵地舞动着。

含羞草则很“害羞”，它的叶片平时会张开，但是，一被触动就会闭合，并且垂下去。像是害羞了一样，好似一位漂亮、腼腆的少女，一见到陌生的小伙子，就羞答答地遮起自己的脸，因此称之为“含羞草”。

跳舞草和含羞草为什么会有这种反应呢？原来，在它们叶柄的茎部，长有一个储满液体的叶枕。当叶子受到外界触动的时候，叶枕里的液体就会向上部，还有叶子两侧流动，叶子在重力的作用下，就会往另一个方向转去。或是合拢了，等平静一会儿，液体又会慢慢从叶子两侧流回下面的囊袋，依靠液压传动。叶子就会转回来，或是重新抬起头来。在我们人看来，它们就好像是在跳舞，又好像是害羞地低下了头。

不论是紫薇树、跳舞草，还是含羞草，它们都特别珍奇，应当好好保护，其中，跳舞草是一种已濒临灭绝的植物，我们更应当爱护它。

几乎人人都喜欢闻鲜花香香的味道，然而，有一种花却是花中的“异类”，不仅没有香味，还臭气冲天，它就是泰坦魔芋花。这种奇特的花，就生长在印度尼西亚的苏门答腊岛上，它散发出来的气味，恶心得令人无法想象。

泰坦魔芋身高约3.7米，叶子可以将巨大的花台紧紧地包裹起来。它的宽度可达91

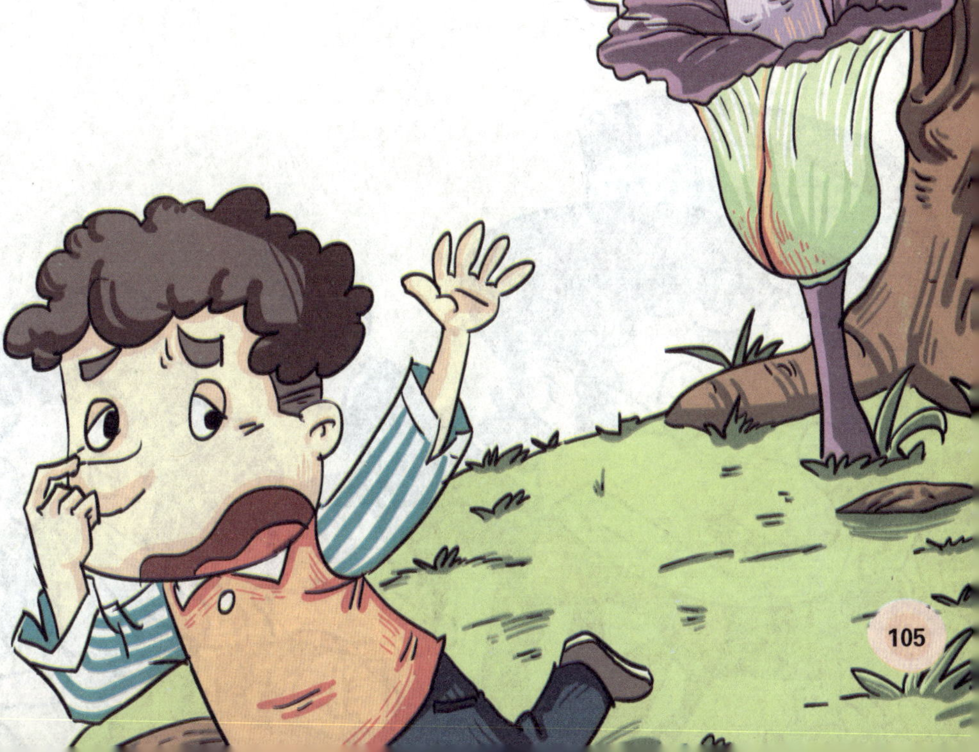

厘米左右，它可真是不折不扣的花中“巨人”。这种奇花，由植物学家奥多阿多·贝卡利于1878年偶然发现的。他将这巨型的花朵种子，带到了意大利。种子在意大利出苗后，其中一棵又被送到了英国皇家植物园，有数千名观众，为了一睹此花的风采，一起拥进了植物园。他们认为，这么巨大的花一定香气扑鼻。但是没过多久，他们就脸色苍白地走了出去。不知从何处传来的臭气充斥着整个植物园。由于泰坦魔芋花着实臭得惊人，闻起来很像腐烂尸体发出的气味，因此被称为“尸体花”。

泰坦魔芋花不仅外形巨大，而且非常长寿，一般能活150年左右。在它漫长的生命期内，开花的次数也只有两三次。每次只能开一朵花，可仅这一朵花，能维持的时间也极短，最多也就开

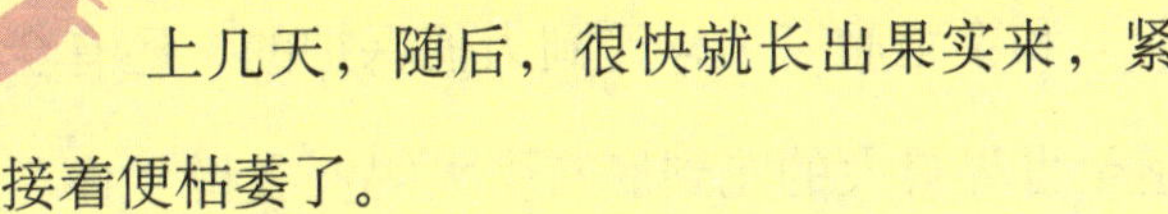

上几天，随后，很快就长出果实来，紧接着便枯萎了。

泰坦魔芋花朵开放时，非常艳丽。花冠一点点地展开，呈现出靓丽的红紫色，展示在众人面前。只不过，伴随着花朵的盛开，它身上那种腐烂尸体的臭味，也会随之加剧。

为什么泰坦魔芋花会发出这样的气味呢？其实，这种气味，正是泰坦魔芋“传宗接代”的法宝，它可以利用这一条件，吸引昆虫到自己身上产卵。等幼虫发育成熟后，还可以帮自己传播花粉呢。

如今，泰坦魔芋濒临灭绝，在全世界只剩134株左右，而且，这些还都是人工栽培的。所以，世界上很多人都在为保护这种花作着努力。

和泰坦魔芋一样受到人们保护的，还有全世界最大的花。你知道全世界最大的花到底有多大吗？我说了你可不要被吓到啊！生长在印度尼西亚的婆罗洲岛上，生长着一种大王花，它长得跟洋白菜很像，而它的花，直径至少可达到1米！怎么样，够大吧？

大王花一般寄生在别的植物的根上，样子十分特别，既没有茎也没有叶。开花的时候，样子十分漂亮，花为红褐色，上面还长有许多斑点。花的中央部分，看起来像个大脸盆，外面有5片很厚的大花瓣，饱含着充足的浆汁。如果你有幸看到这朵花，一定会产生一种错觉，仿佛置身童话世界当中。只不过，接下来那一阵惊人的臭

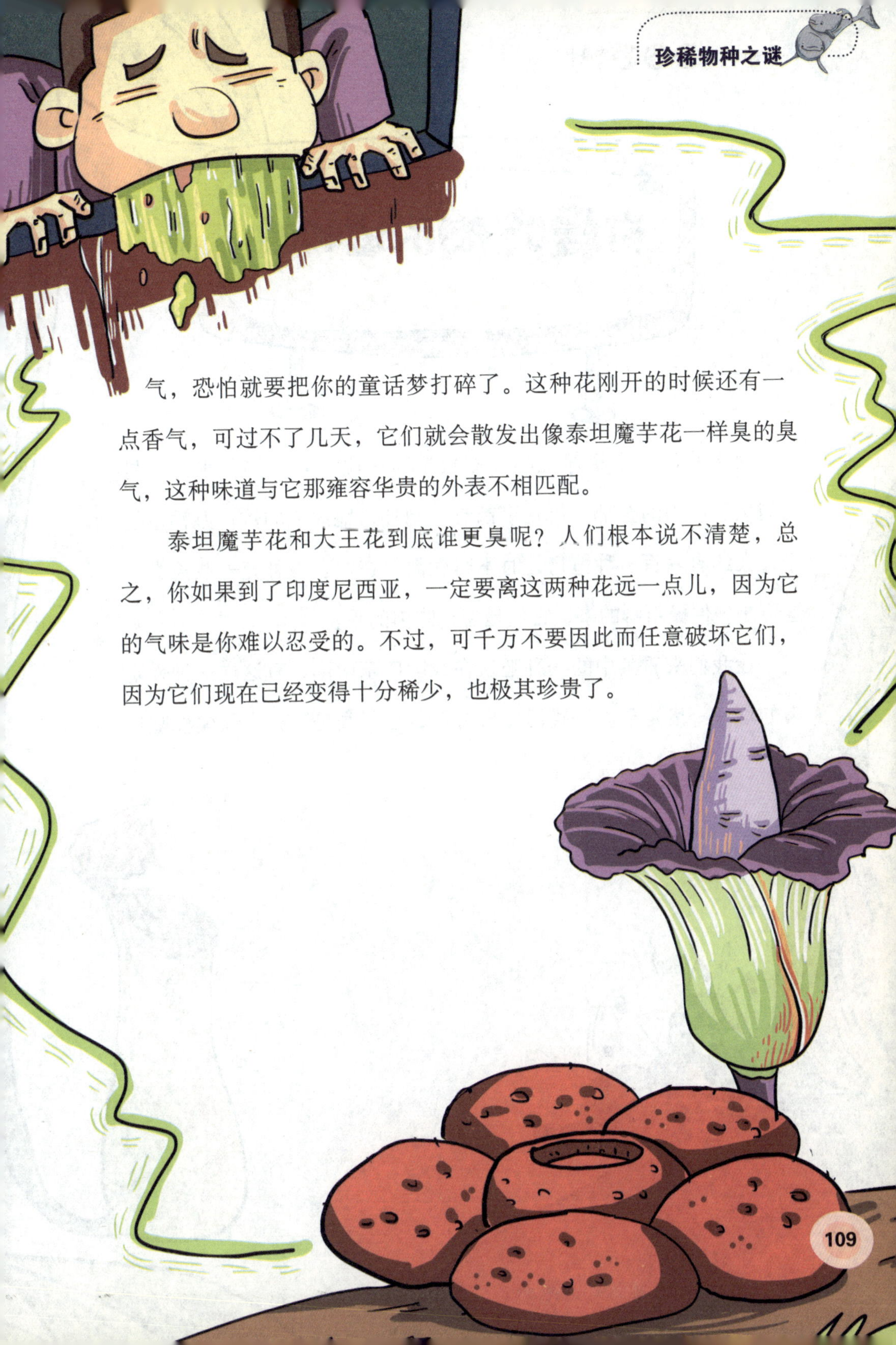

气，恐怕就要把你的童话梦打碎了。这种花刚开的时候还有一点香气，可过不了几天，它们就会散发出像泰坦魔芋花一样臭的臭气，这种味道与它那雍容华贵的外表不相匹配。

泰坦魔芋花和大王花到底谁更臭呢？人们根本说不清楚，总之，你如果到了印度尼西亚，一定要离这两种花远一点儿，因为它的气味是你难以忍受的。不过，可千万不要因此而任意破坏它们，因为它们现在已经变得十分稀少，也极其珍贵了。

有爱吃肉的植物吗

对于我们这个星球上的大多数植物来说，光、热、水、气是它们生长所需的全部。可凡事都有个例外，地球上的数百万种植物中，大约有六百多种植物，时不时就需要在饮食中补充一些肉类。这可是一件极新鲜的事，它们是怎么吃肉的呢？

让我们来看其中的一种吧。在我国广东南部，有这样一种爱吃肉的草——猪笼草。让我们先来看看，它到底是怎么个怪模样吧！

它的叶子与一般的草叶不同，叶子上有一个像口袋样的东西，这口袋的上部开口处，另有一个盖子。口袋的下部连着一根细长的柄，原来这是它的叶子变态而成的样子。而真正的叶片，则是口袋边上那个盖子。叶柄变态成三段，一段变态成口袋，而这个口袋，看上去就像是关猪的笼子，因此叫作“猪笼草”。细柄为叶柄的一段，下部还有一段扩大的叶片状物。它那个口袋一样的东西，就是用来捉虫子的，那口袋是怎么捉虫子的呢？

原来，那个口袋的边缘是向里弯曲的，边缘处还藏有一种蜜汁，当虫子来吃甜汁时，一不小心就会滑进口袋中。口袋里充满了消化液，虫子落进去，就会被淹死。而消化液则会把虫体消化掉，

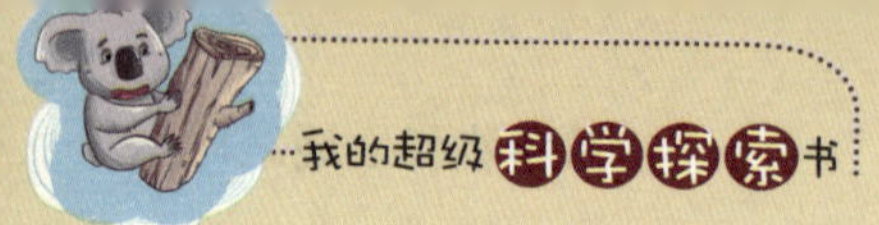

因为消化液中含有胃蛋白酶和胰蛋白酶，这能够分解虫体中的蛋白质。经科学家的试验证明，这种消化液具有的消化能力，几乎与动物胃液的消化能力相差无几。有个外国科学家，他曾亲眼见到过，一条蜈蚣的前半身爬进猪笼草的口袋，结果就没能退出来，因为它的前半身进入消化液中，立刻就变为白色，被消化液杀死了。

为什么猪笼草要吃点肉呢？这是因为它要消化虫体的蛋白质，以这种方式得到氮素营养物，否则就会长不好。

众所周知，我们常见到的绿色植物，它们都是靠光合作用制造有机物的。在生长的过程中，植物除了需要碳、氢、氧这三种元素外，还需要从土壤中吸收氮、磷、钾等元

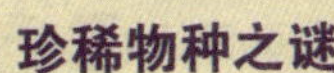

素，其中氮是十分重要的，它是构成蛋白质必不可少的元素。植物中必须有氮，才能正常生长，长得才茂盛；一旦缺少了氮元素，它就会长得又瘦又小，呈现出病态。

不是任何地方的土壤，都含有丰富的氮素的。比如，一些酸性土壤中，以及在潮湿的地方，或是沼泽地中，土壤中的氮都会很少。科学家在调查后发现，猪笼草大多生长在近水边，土壤较为贫瘠而且还缺少氮。同时，它们的根系不十分发达，有的甚至完全退化了，因此，若不能从其他方面补充氮素，就没有办法生存。猪笼草经过长期的自然选择，还有遗传变异，叶子就逐步变态成昆虫捕捉器。它可以设置陷阱，昆虫就会被骗而自投罗网的。之后，它们就可以从昆虫体内获得氮素，从而解决缺氮的问题了。

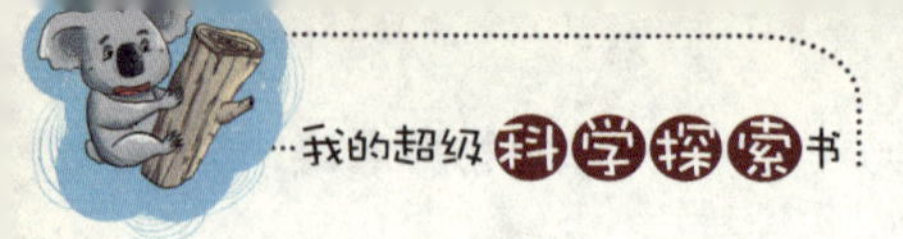

猪笼草大多生长在亚洲热带地区，如中国、印度、马来西亚等地。此外，在澳大利亚也有它们的身影。不同的品种，塑造出不同的样子。但它们的叶子，都变态成口袋状的“猪笼”，“笼子”有大有小，有长有短，颜色也不同，看起来十分有趣。而且，这种草也很受人们的喜欢，它们既有趣又有观赏价值。近年来，人类对猪笼草进行贩卖的情况越来越严重。因此，它们已经越来越稀少了，尽管还没有正式列入濒危物种，但我们也需尽力保护它们。

癌症是人类最可怕的敌人，我国每年有近两百万人，因为患上癌症而死去。不过，在自然界就有一种天然的抗癌植物呢，它就是红豆杉。红豆杉能够帮助人类抵御癌症，甚至，有人说它比药物的效果还要好哦。

不要喝

哇，这么神奇！那么，红豆杉中究竟藏有什么抗癌秘密呢？原来，从红豆杉的树皮和嫩叶中，提取出来的紫杉醇，是世界上公认的抗癌药物。每公斤售价，可达到500万～1000万美元呢。紫杉醇能在癌症晚期，起到抑制纺锤体和纺锤丝的形成，从而抑制有丝分裂，还能阻止癌细胞的增殖。此外，红豆杉的枝叶也能治病，它可用于治疗白血病、肾炎、糖尿病以及多囊性肾病，红豆杉的全身是宝，因此，红豆杉树又被称为“黄金树”。

不过，红豆杉和其他药物一样，自身都具有毒性。如果长期大量的食用，可能会抑制自身造血功能，还能导致免疫力严重降

低，严重者甚至会造成死亡。而且，红豆杉能直接泡水喝，但它没有抗癌的效果。所以，如果要食用，就一定要在相关医生的指导下进行。

红豆杉不仅价值高，还有着极其悠久的历史。经历过第四纪冰川，并作为遗留下来的古老树种，红豆杉在地球上，已有250万年的历史了。它被称为植物王国里的“活化石”，因资源稀少，而被列为世界珍稀树种，并被保护起来。

见过杉树的小朋友都知道，杉树一般都长得高大挺拔，红豆杉的名字中，虽然也有个“杉”字，但它与一般的杉树，还是有很大区别的。首先，与其他杉树相比，红豆杉是名副其实的“小矮人”，因为它的干径只有1米高；其次，红豆杉的种子与其他杉树的种子也不一样，大部分杉树的种子，长得像个圆溜溜的球。而红

豆杉的种子却有所不同，它长成了橄榄球形，外面还长有红色杯状的假种皮，使得整个种子看上去，就像一颗颗晶莹剔透的“红豆”一般。

在世界上，红豆杉约有11个种类，它们分布于北半球的温带至热带地区。目前，我国原生的共有4种，另有1个变种，它们分别是：东北红豆杉、云南红豆杉、西藏红豆杉、中国红豆杉、南方红豆杉。在20世纪90年代中期，我国还从加拿大引进了一种曼地亚红豆杉。曼地亚红豆杉，是红豆杉中的一种天然杂交品种，它的母本是东北红豆杉，而父本则是欧洲红豆杉，因此，它也是天然杂交的“小混血”呢。

我国的野生红豆杉，是世界上最多的，它几乎占了全世界的一半。而云南的红豆杉，数量又几乎占了全国的55%。然而，由于红豆杉的价值较为可观，人们对它的砍伐与破坏也与日俱增。现在，我国已将它列为二级重点保护植物，而我们也应好好保护这种神奇的抗癌植物。

除了红豆杉，我国境内还有一种奇特的抗癌植物——喜树。喜树是我国的特有品种，它分布于长江以南，海拔1000米以下的林边和溪边。喜树是一种落叶乔木，它长得十分高大，最高可以达到20米，树干笔直。喜树一般在7月开花，11月结果。喜树的根、树皮和果实中，都含有喜树碱，果实的含量是最高的，约为根含量的2.5倍。最重要的是，喜树也具有抗癌的功效。为了保护我国特有的抗癌植物——喜树，政府已经把它列入重点保护的植物名单中了。

你知道吗？

小小树皮能治病

能帮助人类摆脱疾病困扰的植物还真是不少呢。鼠李树树皮就是治疗便秘的良药。这树的别名是“得到祝福的舒适”，据说这是神父赐给它的名字。而长期被便秘困扰的神父们，吃了鼠李树的树皮，很快就见效了，于是便为它取了这个名字。从此，每当神父去卫生间时，都会这样祈祷：“主，谢谢你赐给我们祝福，阿门！”还有一种神奇的树是生长在南美洲的金鸡纳树，金鸡纳树中含有奎宁，它可以用于杀死疟原虫。在19世纪，当时得疟疾死去的人数不胜数，所以金鸡纳树的树皮也非常受欢迎。

你知道吗？

益母草因何得名

在自然界，有一种植物因其药物价值而得名，这就是益母草。在很久以前，妇女生孩子时，常会留下淤血，从而引起腹痛的病症，而且还会久治不愈。后来，人们发现一种开紫色小花、叶片有裂纹的草，它可以治疗这种病。由于这种草对妇女之症有奇效，所以，人们亲切地称呼它为“益母草”。

别看雪莲的名字中有一个莲字，但莲花可不是它的亲戚，它是属于菊科的。雪莲种类繁多，分为水母雪莲、绵头雪莲、毛头雪莲、西藏雪莲等。雪莲开的花多为蓝紫色，在花瓣的外面，包着白色半透明的膜质苞片。因此，花朵整体看上去，就和水生的荷花十分像了，又因为它生于高山积雪的岩缝中，所以被人们称为雪莲。

雪莲是一种傲视风雪的植物，因此具有异常坚韧的耐寒性。雪莲通常生长在高山雪线以下，海拔约为4800米～5800米的峭壁缝隙间，它生长的环境气候十分善变，常常忽冷忽热的。令人惊奇的是，雪莲不但在这种环境下生存得很好，而且还常常泛着花香。顺风时，它的香味竟然可以飘到几十米远呢！在雪莲开花之后不久，通常在8月，会迅速地结出长圆形的瘦果来。常见于高山岩缝，雪线附近的冰迹陡岩，还有砾石坡。想要得到它，就一定要徒步登山寻找，不过一定要小心，因为若是遭遇雪崩之难，就要付出生命的代价。

你一定会惊奇，置身于这么恶劣的环境，它可怎么生存呀？我们来看看绵头雪莲的绝招吧。绵头雪莲的样子可是与众不同的：它们的茎高约20厘米～30厘米，有的仅有10多厘米。茎的上部，长

有很多白色的，密生绵毛的苞叶。就像用棉絮裹着一样，它那数不清的小型头状花序，就密密地生长在茎的上部，在这些如棉絮般的毛毛里面，受到了很好的保护。由于，白绵毛能够保暖，所以花不会被冻伤。在白色绵毛往下，茎的中下部，生长着密集的长条形叶子。在叶子的上面也有白绵毛，而叶子的下面，则长有更密的褐色绒毛。这能保护它的茎干，使它不会被冻坏。

绵头雪莲不怕严寒，是因为它长着极矮的茎，还有非常多的苞叶，另外，它们的叶片和密集的绵毛，也能为它们抵御寒冷和大风，而且，绵毛还能对高山强光起反射作用，也能保护植物不受到伤害。它的根又粗又深，可以伸到石缝中去吸水，属于多年生植物。而它每年只开一次花，结一次果。它的分布地区，包括西藏的错那、察隅，还有云南的中甸、丽江，而分布地的最低海拔，也达到了3200米呢！

另外，有一种雪莲花称为新疆雪莲花，它仅产于我国的新疆天山山区。而且，它的样子长得十分奇特：上半部看起来，就像洋白菜没包紧时那样。许多个头状花序外面，由很多层大型的苞叶包裹着，外层苞叶是淡黄色，内层为暗褐色，就像为花序多穿了几件衣服一样，同时还能起到保暖的作用。在苞叶下的茎上，有许多密密的，较窄一点的叶子。叶子的两面还长有白色的柔毛，它也起到了保暖的作用。

雪莲独有的生存习性，以及它独特的生长环境，使它显得天然而稀有。而且，它还具有独特的药理作用，人们还称雪莲为“药中极品”。雪莲的全草可入药，能够治疗牙痛、关节炎等各类疾病。不过，由于人们过度的采挖，雪莲也已到了灭绝的边缘了。